21 DAYS
HAPPINESS
21天幸福课

晓 熙 ◎ 著

人民东方出版传媒
People's Oriental Publishing & Media
東方出版社
The Oriental Press

序

  我的儿子大卫小时候非常挑食。我们给他提供了不同种类的食物让他尝试，但收效甚微。无论我们怎么做，都无法激发他探索食物的兴趣，他会日复一日，一顿又一顿地吃同样简单的东西。

  这种模式一直持续到2012年。那一年，我带着家人去中国参加一场积极心理学大会。大卫当时8岁，一开始他如往常一样，不愿意尝试面前的任何一道菜。但当他终于吃了第一口之后，便义无反顾地爱上了中国菜。从那以后，他最喜爱的食物就是中国菜，这也帮助他更开放地体验其他不同的菜系和不同口味的食物。这次的中国之行，彻底改变了我们一家人的生活质量，我们终于可以一起开心地品尝各样美食。

  其实，中国对我和家人的影响远远超过食物。我一直对中国独特而源远流长的文化，对热情好客和笃实好学的中国人深感兴趣。

老子是我学习最多的哲学家，也是我的榜样。他在《道德经》中主张幸福的首要原则是得道，强调"自然无为"。他认为：道之本性是自然无为，但正是这种无为，成就了有为。他的想法深深地影响了我，影响了我的教学内容和生活方式。

多年来，我一直在学习、研究和教授幸福学。我的方法一直是努力找到不同的理论与学说的融合点。我将古代智慧与现代研究、科学与艺术、理论与实践、西方与东方思想结合在一起。通过连接看似分离的世界，我把目标设定为帮助个人、组织和国家实现幸福。

非常感谢晓熙翻译、总结并重新整理我早年在哈佛教授的幸福课程。通过加入她的个人笔记、发生在中国读者身上的案例、她的心路历程和深刻的反思、她对中国文化的独特见解，与我的课程相得益彰，将我的课程提升到了一个更高的层次，可以更好地与中国读者深度对话。

如果你正在寻求突破与转变、期待过上更加幸福的生活，那么我强烈建议你阅读这本书。这本书也许会为你提供改变人生、开始更加幸福生活的契机。

正如我在哈佛教导我的学生：有时你的人生需要的只是一次邂逅——一个人、一个地方或一个想法，而这场邂逅会改变你的生活。

对我和我的家人而言，2012年的中国之行是一次改变人生的邂逅，我相信晓熙的书有可能成为你改变人生的邂逅。

哈佛幸福课创始人

泰勒·本-沙哈尔（Tal Ben-shahar）教授

自　序

"幸运者生来便是幸运的，不幸者需要为重生而奋斗。"

我也许算是幸运的。我可以在那个没有滤镜，不需修图，也可不爱美妆的年代无忧无虑地长大。我喜爱冒险，乐于挑战，从来不想刻意讨好谁，也不在乎别人的眼光，只是恣意做自己喜欢的事，过自己想要的生活。少年时代的我钟情于看书、写诗、写歌、写小说，算是不负韶华，不负我心。

被幸运追赶着，20世纪90年代，17岁的我有机会迈出国门，一个人踏上了闯世界的未知旅途。完成学业后，梦想的工作也仿佛从天而降。我从世界500强公司管培生做起，先后在美国、澳大利亚、英国、德国、日本和新加坡等9个国家工作过。

高强度的工作让我不得不放下钟爱的笔，但我可以拿起相机一边周游世界，一边过着我心目中理想的生活：我在30岁晋升为世界500强高管，年薪百万，嫁给了优秀的哈佛医学院中国学联主席，可谓是事业得意、婚姻美满，一切都顺风顺水。

本以为我会一直这样幸运下去，却没想到这样的我会深陷抑郁。我少年离家，与父母聚少离多。因为意识到亲子关系的重要性（孩子在生命之初与母亲间的依恋关系将会影响一生），在女儿一岁的时候，我毅然放弃了蒸蒸日上的事业，回归家庭。我想给孩子最好的爱与陪伴，并觉得用自己在生活和事业上的暂时牺牲换来孩子一生的幸福根基是值得的。

然而事与愿违，因丈夫第一次创业受挫，我们的夫妻关系变得紧张起来。生活是每天不休的争吵、做也做不完的家务和需要教育与陪伴的顽童。

我忙于自己不擅长的孩子教养和家庭杂务，觉得自己做什么都做不好，干什么都提不起精神，情绪低落，自尊受挫，终于陷入抑郁。

直到我遇到了哈佛大学最受推崇的导师泰勒·本-沙哈尔（Tal Ben-shahar）教授。他教授的哈佛大学有史以来最受欢迎的幸福课让我重新思考：我从小到大真正梦想的生活是什么？我活着的意义是什么？

我似乎听到了为重生而响起的激扬战鼓之声和无尽生命之源的伟大力量的呼唤。是的，我要重拾尘封已久的笔，我要用我觉醒了的灵魂改变我的生命。

我在生活中认真地践行泰勒教授的幸福理论，我发现自己开始慢慢改变，我的婚姻困境被反转，我和女儿的关系变得更加亲密了。

我在心底燃起一种激愿：我要改变千千万万跟我一样曾有梦想，但在满目疮痍的现实面前低下头的你和他的人生。

幸运仿佛又一次降临。在学习泰勒·本-沙哈尔教授的"哈佛幸福课"的过程中，我做了8万多字的笔记（也是本书的初稿）。我在笔记中写了自己的感受和实践心得。希望这些内容会让读者朋友们有共鸣。

同时应泰勒教授的邀请，我加入了他创建的"幸福研究学院"，并担任大中华区总裁，把他几十万字的幸福学课程翻译成中文，使他数十年的教育经验和研究成果的智慧结晶能够呈现在读者面前。

很荣幸可以和泰勒教授一起完成"让世界上那些被遗忘在各个角落的人都能找到属于自己的幸福之路"的夙愿！如果你想要改变，也愿意接受我的邀请，那么请和我一起走完这21天"哈佛幸福课"，一起验证21天改变生命的奇迹，走向幸福人生。

目 录

DAY 1	原来幸福可以习得	1
DAY 2	如何问对问题	11
DAY 3	怎样把烂牌出成王炸	17
DAY 4	内因一：教你接纳自己	25
DAY 5	内因二：教你调控自己的大脑	35
DAY 6	内因三：教你成为积极者	41
DAY 7	内因驱动下获得幸福的三大法宝是什么	51
DAY 8	幸福行动法——感恩、幽默与日记	61
DAY 9	幸福行动法——运动与冥想	73
DAY 10	幸福行动法——睡眠和触摸	83
DAY 11	获得幸福的改变为什么这么难	91
DAY 12	如何炼成获得幸福的习惯	99
DAY 13	如何找到真我幸福	107
DAY 14	应对压力的法宝是什么	115
DAY 15	幸福的绊脚石是什么	125
DAY 16	如何从追求完美到追求卓越	131
DAY 17	挽救你的"僵尸婚姻"	139
DAY 18	教你为爱情银行存款	147
DAY 19	自尊与幸福有关系吗	155
DAY 20	幸福人生的最高境界	163
DAY 21	全人幸福模型	173

原来幸福可以习得

近几年,相信大家的生活重心都不由自主地倾向了带给我们天翻地覆变化的疫情。原本的计划常被彻底打乱。

对眼下生活的担忧,对未来生活不确定性的恐惧,让人们紧张、忧虑和不知所措。这个时候,我们更需要向内寻找,看看自己的内心深处。

这场人类危机让人们开始有了更多的思考,开始重新审视生命和家庭的意义。

很多朋友因为工作原因,长期夫妻两地分居,抑或虽共处一室却过着"丧偶式"的生活,但因居家隔离,一家人难得有了一段漫长的共处时光。

虽然家里的财务状况跟工作繁忙时无法相比,但这段同甘共苦的日子中浮现出的更深的爱情和亲情，也拯救了许多伤痕累累的家庭。

有的朋友会说："我的孩子不适应上网课，很想跟朋友一起玩又没有办法，脾气变得很坏，把家里搞得一团糟。""我们全家人长时间挤在狭小的公寓里，完全没有个人空间，大人在家工作，孩子在家上网课，互相干扰，谁都做不好。""我没办法正视这场疫情。"上述种种也的确是很现实的问题。

这次疫情同样给我的工作和家庭带来了诸多不便，打乱了我原先制定的各种计划。

我们要如何在这种混乱中找到新的秩序呢？加拿大麦吉尔大学的贝克斯顿教授曾经做过一个"感觉剥夺实验"。实验参与者只要能够做到蒙着双眼、戴着耳塞和手套、躺在非常舒适的床上，任何事情都不做，坚持72小时，就可以获得报酬。

这个"躺着赚钱"的实验看似容易，却有90%的参与者在24小时到36小时之间要求退出，没人能坚持72小时。

这是因为大脑里维持觉醒状态的网状结构在工作，如果人的网状结构被破坏，就容易昏睡不醒。但网状结构正常工作的时候，它就不能被强行压制，需要得到外界的刺激才会活跃，而正是正常活跃的网状结构告诉我们："我还活着。"

疫情使居家学习、工作和生活变成常态，外部的刺激变得单调又稀少，人与人之间的距离也在拉大，"我还活着"的感觉越来越弱。个体的不适、家庭的纷争也由此加剧。因此，我们必须重建自己的主场，建立在新常态下有目的、有计划的生活方式。

于是，我们全家在把工作和孩子的学习时间重新安排的前提下，开始尝试一些以前没有时间做的事情。

比如疫情刚刚开始，我就和女儿早起跑步，我们不仅可以通过运动来开启美好的一天，晨起跑步更是一段难能可贵的母女独处时间。

我们可以聊网课中的趣事，聊今天的计划，时间很快就过去了，跑步也不觉得累。每天 8:00 到 8:30 的晨跑变成了我们生活中不可或缺的一部分。

因为疫情减少了差旅时间，我开始在网上学习哈佛大学的在线教育课程；我的先生在工作之余用更多的时间练习书法——这是他毕生挚爱；我们一家人每周三四次跟朋友在公园锻炼身体以保持适当的社交；孩子还跟朋友们组织了疫情生活分享会，在线上分享自己疫情期间做的有意义和有趣的事情，以此来互相激励。

我们一家人也更好地度过了之前因为出差或开会而被迫经常中断的家庭时光。周末时一家人在一起玩棋牌游戏、聊天、看适合孩子的电影，同时结合电影的主题与孩子探讨人生，在了解她的心理状况的同时，与她分享我们的一些人生经验和价值观。

这何尝不是我们应对疫情的一种积极方式。我们选择接受自己不能改变的现实，以平常心看待它。面对疫情下被迫改变的生活状态和不断给我们追加的被动式休假，我们在每天的生活中主动寻找新的兴奋点、设定新的计划、建立新的目标，以充盈的心灵，应对新常态的居家模式。这些都是积极心理学所提倡的。

提到积极心理学，简单地解释就是：它是心理学领域的一场革命，是一门从积极角度研究传统心理学的新兴科学。

积极心理学创始人是美国前心理学会主席赛里格曼教授，他让人们将目光从传统心理学角度转移到对正常人的关注，找出他们在各种境况中获得幸福和成功的原因，以此来帮助更多的人找到幸福，获得满足。

这让我想起初到意大利时的感觉：满街满眼都是古老而沧桑的历史遗迹，似乎每一块石头都有历史，每一座废墟都有故事，有一种辉煌过去之后的凄美。

当时我只有二十几岁，但走在罗马的大街上，我好像年长了十几岁，连步子都慢下来了。

认识了意大利朋友之后，我发现他们跟我的想法并不一样，他们非但不觉得落寞，谈到古罗马曾经的辉煌时，眼睛里都闪烁着自豪和骄傲的光芒。

那是一种历经沧桑而豪情不改，英雄壮志未酬也要把日子过得活色生香的积极态度。

的确，人们看事物的角度太重要了。消除限制、阻碍、完美主义、害怕失败、原生家庭以及成长环境带给我们的伤害和内疚，就是"哈佛幸福课"的精髓。

梭罗曾说过："做减法比做加法让心灵成长更快。"老子也说过："为学日益，为道日损。"什么意思呢？学习的是信息，如把米装进罐子里，那当然是越多越好。而真正的智慧，也就是老子所说的"道"。"道"是指改变，改变在很多时候需要我们做的是减法而不是加法，真正行之有效的改变多是由内而外的改变。

那我们要如何改变呢？就像雕塑一样，我们要一点一点地除去多余的石头——也就是束缚真我的多余的东西，把真实的自我展示出来。

但改变好像并不容易。我相信大家都有过这样的经历（至少我曾经有过）：为自己设立了每天跑步的新年计划，第一天信誓旦旦，第二天也能早起跑步，但是第三天外面下雨，你心想："要不今天先算了吧。"第四天闹铃响了，你非常挣扎，心里很想爬起来，可是身体就是不愿动弹，你为自己找了个理由："难得今天是周末，好不容易可以睡个懒觉，就给自己放个假多睡会儿吧。"到了第五天，你连理由都不想，就彻底按掉闹钟放弃晨跑了。

大家觉不觉得这个剧情很熟悉？还有一些其他的新年计划：不打游戏、不追剧、早睡、少吃垃圾食品……是不是很多都没有坚持下来？人到底有没有可能靠自己改变？

俗话说："学好不容易，学坏一出溜。"但我要告诉大家一个好消息：从医学的角度讲，人的大脑是可以改变的。从 1998 年开始，医学研究人员做了一系列的核磁共振研究，并证明了大脑是可以被改变的，这彻底颠覆了"大脑不能改变""神经细胞不能再生"的固有认知。这一发现的学术名词叫"神经可塑性"：我们的大脑神经会随着我们一生中的生活经历发生改变，所以无论你现在处境如何，都可以通过训练来改变自己。

人生在世，谁都会经历劳苦愁烦。世事无常，谁也不知道自己下一刻会如何。学会苦中作乐也未尝不是一种有智慧的活法。

当我们主动改变对事物的解读，虽然我们的处境一时仍然没有改变，但我们可以选择改变自己的心境。心境改变了，行为也自然会随之变化。就像处在疫情中的我们，虽然生活被按下了暂停键，但是仍可以选择积极、乐观地抓住生活中的每一个"小确幸"。

我会在后续的章节中慢慢给大家讲我们该如何改变自己的大脑，让自己活成自己想要的样子，追求并获得幸福。

相信很多没有接触过"哈佛幸福课"的朋友跟当初的我一样

想问一个问题：这个世界上到底有没有一个特殊的成功密码？比如"获得幸福的七法则""成功的十三个步骤"，市面上有很多这样的书籍，我看过一些，可感觉并不管用。

我们生活在信息爆炸的时代，同时也是"速食主义"的时代。对于网上充斥着的各种信息，我发现我越来越没有能力鉴别什么是有用的，什么是好的。

大家都想快速地获得成功与幸福。那么，获得幸福是遥不可及的人生追求吗？是否有什么一蹴而就的特殊密码？

其实在学完"哈佛幸福课"之后我才明白，答案其实在"遥不可及"和"一蹴而就"这两者之间。"哈佛幸福课"的可贵之处在于：它既有完善的学术理论和科学依据做铺垫，同时还有一套行之有效的方法，让大家可以一起践行。

最重要的是它超强的实用价值真的可以给人们带来改变。这也是我为什么这么喜欢"哈佛幸福课"，也愿意把我精心整理的学习心得分享给大家的原因。

泰勒教授在课程中一直强调，本课程结合了大量的研究数据，以强大的理论作为基础，同时引入了非常实用的科学方法，这些方法泰勒教授都亲自实践过，我也亲自实践过。这些方法的确改变了我的婚姻状态，改变了我的亲子关系，改变了我的生活。

我的学习笔记不是把"哈佛幸福课"照稿宣读、生搬硬套，而是把本课程的精髓提炼出来，结合了我在实践课中的方法和感悟。最后，这套课程在保留其国际化特性的同时，也加入了很多本土化的案例，使大家更容易理解和应用。

这门课也回答了为什么很多人不幸福，以及如何帮助我们通过一些行之有效的方法去发现幸福。我也真诚地希望，我的学习笔记可以真正帮助每个朋友找到最好的自己。

让我们回过头来思考一下我刚刚提出的问题：为什么我们大多数的改变都不成功？我先在这里透露一下答案：除非我们在引入行为上的改变的同时，也引入认知和情绪上的改变，否则很难改变。

怎样做到？不简单也不难，我在下面的章节中将逐一解释，希望能和大家共同实践。

在结束今天的学习之前，我对大家还有一个要求（也是泰勒教授对每一位学这门课程的同学的要求）：我每天都会给大家留作业，请认真完成。不要担心，大部分作业都很简单，有的甚至几分钟就能做完。

子曰："学而时习之，不亦说乎。"我很喜欢朱熹在《四书集注》中对这句话的解读："学而又时时习之，则所学者熟，而中心喜说，其进自不能已矣。"

这里的"习"是"践行"的意思，也就是学了又践行，把学到的变成自己的东西，是让人无比喜悦的事。今天给大家留的作业就是"教"。我记得我大学时的教授说过，最好的学习是教。请大家把今天学到的内容教给至少一两个亲朋，让他们也来体会一下孔子的"学而时习之，不亦说乎"的快乐吧。

如何问对问题

"哈佛幸福课"并不是简单的积极心理学和幸福哲学课程,泰勒教授通过不同学科的视角,在心理学和哲学的基础上引入生物学、经济学、历史、文学、艺术等学科,以知识矩阵的方式深度探讨幸福。

但是积极心理学仍然是幸福学的核心。今天我就要给大家讲解为什么要学习积极心理学。

有人会问:我从来没有学过心理学,能学会吗?它对我有用吗?我的回答是:当然。

泰勒教授的课程并不是带着大家学习理论或者做学术研究,而是运用自己的研究成果,教大家将理论应用到自己的生活中,也就是让大家站在巨人的肩膀上,摘取幸福的果实。

虽然我们不做学术研究，但还是要简单了解一下什么是心理学。

心理学作为一门研究和讨论人心理变化活动的科学，西方学派认为它最早起源于2000多年前的古希腊，是从哲学理论思想体系中转换出来的。当时的著名哲学家柏拉图、亚里士多德就是站在哲学的角度对人的心理进行分析和研究的。

当然也有一种说法认为心理学起源于中国，认为中国早在伏羲时代就已经建立了既完整又先进的理论体系。

心理学作为一门横跨自然科学、社会科学和人文科学的极为复杂的科学，素来备受争议。

泰勒教授的观点，同时也是我个人的观点，就是现代心理学的研究确实有些失衡：负面情绪方面的研究（如焦虑、抑郁等）和积极情绪方面的研究的比例是21∶1。你能相信这个比例吗？

美国约翰·霍普金斯大学的教授戴维·迈尔斯（David Myers）曾经做过一项研究：在1967年到2000年这30多年间，有5000篇学术论文研究"愤怒"，4.1万篇研究"焦虑"，5.4万篇研究"抑郁"，但只有415篇研究"快乐"，2000篇研究"幸福"，2500篇研究"生活满意度"。这再一次佐证了学术研究更多地关注人类的心理问题和疾病，而没有太多地关注积极情绪的心理研究。

不知道大家对此有什么感触？为什么会有这么多关于焦虑、抑郁的研究？因为"存在即有意义"。

我想问问大家，你焦虑吗？是经常焦虑？还是偶尔焦虑？其实焦虑并不可怕，可怕的是逃避、对抗和深陷其中。

据世界卫生组织（WHO）于2017年发布的《抑郁症及其他常见精神障碍》报告显示，现在世界范围内预计有超过3亿人饱受抑郁症的困扰，全球抑郁症平均发病率在4.4%左右。

中国的抑郁症发病率达到4.2%，差不多每20人中就有1人患有抑郁症。目前世界上每年都有约80万人自杀，而抑郁症正是主要诱因。就连孩子们也因为从小就沉浸在"信息高速公路"上而更早地患上抑郁症，甚至自杀。

哈佛大学曾就抑郁症问题对学生进行了调研，结论是令人震惊的。80%的学生在过去一年中有过患抑郁症的经历，而其中47%的学生抑郁程度已严重影响到正常的学习和生活。

我先生跟我讲过他考入哈佛大学后的感受。刚入学的时候他也感觉有一座无形的大山压在自己身上，身边每个人都那么优秀。哈佛大学的淘汰率是30%，没有人想成为被淘汰的那一个。他感觉自己不可能打败那些出色的伙伴，就连被哈佛大学录取的幸福感也消失无踪。

我知道一个很有意思的研究：20世纪40年代，有研究人员专门去研究高危儿童。所谓高危儿童，就是指生活在父母有犯罪、吸毒或严重酗酒等问题家庭中的孩子。研究他们是否也会犯罪，为什么犯罪，怎样避免这类孩子重蹈父母的覆辙。

可是多年的研究没什么显著成果，只是得出了一些不痛不痒的结论。比如，给他们提供更好的生活环境和更良好的教育，以减少他们的犯罪概率，等等。

而在 20 世纪 80 年代，同样的研究人群，把研究方向转移到少数后来取得成功的高危儿童身上，研究他们是如何在恶劣的环境中成长却能获得成功的，这些孩子的特质是怎样的。

研究人员发现，这些孩子并非特别聪明，或者有其他过人之处。他们有的是：适应力、理想和目标。他们知道自己擅长什么，并积极培养自己；他们身边有好榜样（可以是一位老师，也可以是一位自己并不认识的名人）；他们有朋友和社会的支持；他们乐于帮助别人，也乐意寻求帮助。

其实，寻求帮助也需要有承认自己弱点的勇气，有承认自己需要帮助的勇气，这本身就是一种难能可贵的品质。有些人已经病入膏肓（我指的是心理方面的疾病）却不愿意承认，那别人就很难帮到他。

这个针对高危儿童进行的实验让我们看到，转变方向去研究心理健康的人、成功的人、快乐的人也很有意义。

DAY2 如何问对问题

  这些成功逆袭者的经验和经历可以带给人们帮助。托尔斯泰说过："幸福的家庭都是相似的，而不幸的家庭却各有各的不幸。"我们要找到幸福的"相似点"，研究它，学习它，把别人获得幸福的方法转变成我们谋取幸福的法宝，直到成功逆袭者的幸福变成我们自己的幸福。

  我相信很多朋友都听说过"问题缔造现实"这句话。也就是说，我们在考虑问题的时候或者提出问题的时候，我们是否已经被带入或者局限在某一空间范围内？如果我们考虑问题的方式不积极，其结果通常也不会积极。一个只关注缺点、缺陷的人，也容易欣赏不到他人的长处和美德。我们所问的问题，通常决定了我们所追求的东西。

  很多夫妻蜜月之后最常问彼此的问题就是：我们怎么了？我们哪里出问题了？我们哪里需要改善？

  但是你们有没有想到，如果这是我们在婚姻中被问的问题，那么我们在自己的婚姻中就只看到问题。一个问题会带来更多的问题，进而形成一种恶性循环。

  当我们学会感恩与欣赏事物美好的一面，美好才会升值。当我们看到并称赞对方的优点的时候，对方的优点就会被放大，良性循环也就开始了。在没有大是大非的前提下，很多婚姻的"失败"都是因为我们问错了问题，或者说我们的关注点错了。

很多朋友尤其是女性朋友经常问我一个问题："我知道我的婚姻出问题了，但为什么是我要先改变？"我常用积极心理学的思路来回答："谁痛苦，谁改变；谁改变，谁受益。"因为我们每个人都要对自己负责。

这也回答了这节课开始时我问大家的问题：我们为什么要学习积极心理学？我作为一个非心理学专业，也不打算在心理学领域有什么高深造诣的人，为什么要学习积极心理学？因为积极心理学真的有用。它可以帮助我们发现问题、找到问题的根源，从而开始改变。记住：你是你生活质量的第一责任人。

今天的作业就是：回想你经常问自己的问题是什么？你会不会经常问：我最近怎么了？为什么总是乱发脾气？我的朋友最近怎么了？怎么都不跟我联系？如果是，那么我请你换一个角度想一想，也许是给孩子辅导功课让自己感觉压力有点大。但要知道，教育孩子是一个慢教育的过程，切记不可心急。下次想发火的时候，一定要冷静，先深呼吸，告诉自己：长远地看，我和孩子的关系比孩子的成绩重要；朋友应该不是不联系我，也许他们最近有点忙，他们不联系我，我可以联系他们，好的，我这就打电话。

记住：要试着问自己"正面"的问题。如果你也常问自己"负面"的问题，那么我今天就邀请你换个角度试试看。我们明天再见！

DAY 3
怎样把烂牌出成王炸

我在上一节课提到了榜样的力量——一个好的榜样的确可以改变一个人的一生。启事在教诲，成事在榜样。

当你在心目中树立起学习的榜样，并以此去学习、去思考、去工作、去生活，一步一步向榜样靠拢，就会发现自己在慢慢成长、成熟、发生蜕变。

榜样对每个人的成长都意义非凡，有了榜样就有了追求的方向，就有了动力。我想跟大家说的是：不管现在是你的 20 多岁、30 多岁，还是 40 多岁，你在任何时候为自己树立榜样都为时不晚。

我在 35 岁有了女儿之后，第一次听说玛瓦·柯林斯（Marva Collins）的故事。我那时的生活是一潭死水。刚刚搬回墨尔本，身边没有家人、朋友。因为先生在国内工作，我需要独自照顾一岁的女儿，因此不得不放弃优越又前景大好的工作。我每天面对的是经常哭闹还不太会说话的孩子和琐碎的柴米油盐。我心理落差很大，一度陷入抑郁，甚至我和女儿的关系也受到了影响。

在昨天的作业中，我请大家思考的问题是：我最近怎么了？为什么总是乱发脾气？我的朋友最近怎么了？怎么都不跟我联系？这些问题都是那个时期我经常问自己的。

感谢泰勒教授的"哈佛幸福课"，我也是在那里第一次听到了玛瓦·柯林斯的故事，她是一位平凡又非凡的美国黑人女教师。

玛瓦·柯林斯曾先后受到里根和老布什两任总统的邀请，总统们希望她能够进入联邦政府担任教育部长，但都被她拒绝了，她每次的回答都一样："抱歉，总统先生，我只属于教室。"

正是她对教育和孩子的这份真诚的热爱成就了她传奇的一生。她的成长环境是幸运的也是不幸的。不幸的是，作为一名黑人女性，她出生在种族歧视风行的20世纪30年代，许多孩子一出生就被打上了"没有出息"的标签，终生不得翻身。幸运的是，她的父亲对女儿充满信心，他总是鼓励她、支持她、赞赏她，让她自立自信地成长，并鼓励她追求自己的梦想。她的父亲改变了这个"注定没出息"的女孩的命运，也因此改变了被她改变的千千万万个孩子的命运。

她父亲的教育理念让我重新思考：我应该怎样教育我的

女儿？

这一切要从重新拾回自我开始。我会在后面的课程中详细讲解。

长大以后的她在黑人聚居的贫民区里成为一位老师。这里的孩子们无心学习，四处鬼混，十来岁就离开学校，拉帮结派，最终与犯罪、毒品相伴终生。但她的到来给这里的孩子们带来了曙光。

就像父亲当初鼓励她的那样，她不厌其烦地重复道："我相信你们，你们能成功。"她在1975年开办了西区预备学校，学生人数从最初的4名学生猛增到3年后的500人。因为她坚信每一个学生都是独一无二的，都能够发掘潜能，找到属于自己的人生之路。

孩子们犯错时，她对孩子们的惩罚是写100遍表达"我很棒"的句子，要用不同的词汇表达。她的目的是通过大量的自信练习培养孩子们的乐观精神，从专注缺点到关注优点。

她敏锐地观察每一个孩子，因材施教，从他们平时的爱好和举动中，找出这些孩子到底需要什么。帮助他们找到榜样，找到目标和人生的方向。她告诉自己的每一个学生："没有谁的命运是注定的，你们可以选择成为什么样的人。改善生活靠的不是酒精和香烟，而是你们自我挖掘的才能。"

她的学生中渐渐出现了政治家、成功商人、律师、医生，但最多的还是教师，因为他们知道自己得到的这一切都是老师的功劳。现在，美国有很多州都成立了玛瓦学校，无数教育家学习她的教育方式，受她的精神启发和鼓舞。

中国也有一位同样令人敬佩的老师，她就是感动中国2020年度人物、云南省丽江市华坪县女子高级中学校长——张桂梅。她创办了全国第一所免费女子高中，是华坪儿童之家130多个孤儿的"妈妈"，帮助了近2000位面临辍学的贫困女孩走出大山，走进大学。

张桂梅坚信，教育可以改变大山女孩的命运，改变一方水土贫穷落后的命运，带着这样的初心，她20年如一日，拖着因为长期劳累被20余种疾病折磨的身躯，带着让教育之光照亮贫困山区的梦想，点亮了一个又一个原本命运灰暗的女孩们的人生。

13年的家访之路，11万余公里的步履蹒跚，她的脚步踏遍了贫困山区的每家每户，让父母们从认为"女娃读书没有用，要早早嫁人"到懂得"父母之爱子，则为之计深远"。张桂梅给了这群女孩们难能可贵的求学机会，更重要的是，她的言传身教让女孩们拥有拼搏和永不服输的信念与勇气，也有了乐于回馈社会、帮助他人的大爱与感恩之心。

如果每个孩子都能幸运地遇到玛瓦和张桂梅这样的老师，了解她们所传递的信念和爱意,那么等他们长大成人,不断朝着梦想飞奔时,他们也必定是带着光明,走到哪里都能辐射到身边的人。

玛瓦曾经说过:"无论你是谁,生活在何处,都有权利获得一个美好的未来,而只有你用自己的才智和世界拥抱,它才会一步步向你靠近。"张桂梅的座右铭是:"水激石则鸣,人激志则宏。"这正是她平凡又非凡的人生写照。

我也认为每个人都有潜力,人的潜力就像一颗种子,只要细心照料,定时浇水施肥,它就会茁壮成长。如果你不浇水,不照顾,最宝贵的种子也会死去。

讲到这里,我突然想到:是不是我不颓废了就能成功?或者说,我不郁闷了就能快乐?

狄更斯的《双城记》开头这样写:这是最好的时代,这是最坏的时代;这是智慧的时代,这是愚蠢的时代;这是信仰的时期,这是怀疑的时期;这是光明的季节,这是黑暗的季节;这是希望之春,这是失望之冬;人们面前有着各种事务,人们面前一无所有;人们正在直登天堂,人们正在直下地狱。

事物并不是简单的非黑即白。为何在物质生活极大丰富的今天,我们仍觉得自己只是疲于奔命?很多人白天忙碌于工作中,晚上沉迷于电视、电脑、手机前。这样日复一日,年复一年,人生没有方向，身体心灵都疲惫不堪。有人生活在沉默的压抑中，有人舒适但麻木地活着，真正拥有快乐幸福的人或者懂得去追求快乐幸福的人又有多少？

"沉默压抑，舒适麻木"，难道不是许多现代人生活的真实写照？我觉得"哈佛幸福课"对我来说最大的现实意义就是：它不单单让我在学术上有所成长，泰勒教授的课程、理念更在有形和无形中帮助我找到人生的意义，明白自己真正想做什么，重新发掘出自己之所长，并为我搭建了一个平台，使我的特长得以发展。

在不断地实践着课程中每一个能让自己重拾信心、收获幸福的方法，并一点一点变得更快乐、更幸福的同时，我也可以像玛瓦·柯林斯一样，把这份快乐和幸福用教学的方式传递给更多的人。

在这一点上，我是幸运的。令人遗憾的是，很多人即使考入理想学府，拥有人人羡慕的工作，在工作中步步高升，也不一定能真正明白自己想要的是什么，也并不一定拥有真正的快乐，也并不一定真正觉得自己幸福。

"我们越富有，就越不知足，越觉得自己的收入不够多。"事实上，在那些收入最高的人当中，只有13%的人完全满意自己的生活。

一项又一项的研究显示，拥有财富的人不一定快乐。人一旦得到足够的金钱去支付生活的基本需要，那再多的金钱也不会大大增加他们的快乐。这也解释了为什么那么多高收入的运动员、网络红人、明星们依然有打架、酗酒甚至抑郁的问题。

金钱和成功并不一定代表幸福。如果一个人不能真正地得到幸福，即使他功成名就，也会如昙花一现，只给人们留下一个肤浅的故事。

亚里士多德在2000多年前就说过：幸福是人生的意义和目的，是人类存在的最终目标。

现在就让我们回到课程的主题——幸福。我即将在接下来的课程中层层剥笋，带着大家学习决定幸福的内部因素和外部因素，同时也提供很多行之有效的工具、方法和技巧，帮助每个人都能够从内、从外改变。

"从内"就是改变自己的思想和认知，"从外"就是为自己创造让自己更幸福的外在助力。请大家继续完成这21天的课程，相信大家一定会和我一样看到自己的改变。

今天留给大家的作业是：如果你还没有榜样，那么请你为自己找到一个榜样，因为榜样就是你的健康模型。我们要研究他、学习他，直到他获得幸福的原因成为我们自己的幸福密码。

榜样可以是一个你熟悉的人，也可以是一个在你希望有成就的方面表现出色的人，榜样能帮助你成为最好的自己。

如果你已经有了榜样,那么请思考你的榜样有哪些特质是你欣赏的?把它们写下来,贴到你经常能看到的地方,同时把这些特质作为你努力的方向。正如亚里士多德的名言所说:幸福是人生的意义和目的,是人类存在的最终目标。我今天要告诉你,没有明确目标的人生注定不会得到真正的幸福。我还要告诉你,没有谁的命运是注定的,你可以选择改变。让我们一起践行,一起努力,让幸福朝你飞奔而来。

DAY 4

内因一：教你接纳自己

我们曾在第二节课讲到过，问题缔造现实，事实确实如此。要想让自己变得更幸福，我们一定要学会问对问题。我们要问：幸福源于什么？

比如一个人生病了，得了抑郁症，传统心理模型或疾病模型认为，如果治好抑郁症，这个人就变得健康了，一切就好了。

健康模型或积极心理学却不同，它会深究疾病背后的诱因。你之所以生病，是因为你生活不够健康，因为你不去追求那些让你健康的事物。那些让你健康的事物是什么呢？追求人生的意义、为自己设立目标无疑是答案之一。同时还要培养健康的人际关系，因为当你没有这些的时候，疾病容易趁虚而入，尤其像抑郁症这种疾病。

心理学界近 50 多年积累形成的理论体系告诉我们，疾病模型不能让我们更好地预防这些严重的问题，比如我们之前讲到的高危儿童的犯罪问题。真正的预防也许源于能力的培养而非错误的纠正。

　　想象一下，如果我们的身体拥有强大的免疫系统会怎样？这并不代表我们不会生病。就像这次的新冠疫情，免疫力强的人，并不一定不会感染病毒，但是强大的免疫系统会帮助我们即便在感染病毒的时候，也可以靠着我们自身的免疫力战胜病毒。

　　心理学的健康模型就是用发展的眼光看待自己。你愿意接受现在的自己吗？不管你如何评价自己，我们每个人都有优点。当我们找到自己特质中好的地方（乐观、追求意义、自省自知、坚韧等）的时候，这些特质会被放大，从而改变我们看待和体验世界的方式：让我们自我突破，挖掘潜能；让我们可以更好地面对人生中不可避免的困难和问题。

　　每个人都应该思考，我到底是注重发展优点还是注重改变缺点？

　　我们在做任何改变之前，要先明白一个道理。我先带大家用 10 秒钟做一个实验。只有 10 秒钟的时间，请大家一定要专注。在接下来的 10 秒钟内你需要做的事情就是：请不要想象粉红色的小象，千万不要想粉红色的小象呀，尤其是那只会飞的粉红色的小象。

你有在想吗？大家刚才都在想这只粉红色的小象吧。当我们企图压抑一种自然反应时（比如提起一个词时浮现的相应形象），我们只会加强对它的想象。

这让我想到老子在《道德经》中所说的："人法地，地法天，天法道，道法自然。"它的意思是：人类应该效法天地万物，通过对天地万物的观察和体悟发现蕴含其中的"自然"之道，并将其作为指导人类行为的根本原则。

而当我们试图压抑这本乎自然的联想反应时，反而会适得其反。压抑自然的痛苦情绪时也有此效果：企图压抑它的时候，它反而会更强烈。

人类本性中的情绪一如老子口中的"道法自然"，或者更加通俗地讲，如同物质世界的万有引力定律。不管你喜不喜欢、接不接受，它都存在，而且不会因你的喜好而改变。所以在做任何改变之前要先"准许自己为人"。什么意思呢？就是我不过是芸芸众生中的一个，无论我多么出色，也一定有缺点，也会犯错误，也会生病，也会害怕，也会在某一时刻觉得无助。所以要先无条件地接受自己，好的、不好的都要接受。

讲到此处，我不得不提到人们在社交网络上的样子，比如微信朋友圈中每天都有今天和同学聚餐，明天去世界各地旅行，后天夫唱妇随、母慈子孝的一家人和谐相处的照片……

　　别人让你看到的只是他们想让你看到的。很多人虽然总是说"我很好""我好极了""我又升职了""我的儿子考上重点高中了"……可实际上他们并不是那么好：我的确升职了，可是新老板排挤我，昨天的同事变成了今天的下属，根本不服我管；青春期的儿子已经几个月都没跟我说话了——孩子小的时候，我一心扑到工作上，没有花时间跟他多交流，现在我想交流，可是孩子跟我无话可说；我的生活四面楚歌，困难重重，我感觉压力很大。

　　我们不想承认的是事实，我们不准备承认的是：我们不过是一个普通人。我们总是觉得自己但凡有任何负面情绪就可能有问题了。当我们身边的每个人都说"我很好"时，我们也不愿意承认事实上我们并不是那么的好。

　　我们在看社交网络时，我们不想成为社交网络里唯一的丧气鬼。于是我也说我很好。就这样，我帮忙壮大了这个大骗局。这个大骗局会导致人们普遍地产生抑郁的情绪，于是幸福感没有了。

　　当然，有时候我也难免会有这样的感觉：为什么别人的孩子那么出色又听话？为什么好像每个朋友都又有钱又有闲？难道只有我有做不完的工作和做不完的家务，还要跟小神兽斗智斗勇？

　　不过因为学过"哈佛幸福课"，我只允许这些念头在我脑海里短暂闪过，然后提醒自己这一切皆为假象。我要允许自己为人。

DAY4 内因一：教你接纳自己

要给自己空间，至少在自己的家人和好友面前，要真实地面对现实，无条件地接受自己。这并不是让自己自暴自弃。而是我们即将一起学习先接受现在的自己，然后一步一步把自己的心理免疫系统变得更强大，从而让自己更容易获得幸福。

我刚刚带大家做的粉红色的小象实验再一次验证了：你越不愿意想起的事物（比如某些失败经历，伤心的事情）越会占据你的整个大脑。

那么我们就先学会平静地接受自己，接受自己的不完美，接受自己曾经犯的错吧。这才是一切改变的开始，变得更幸福的开始。这不代表我们不会再经历失望、伤心和沮丧，但我们能通过加强心理免疫系统，更快地从这些情绪中走出来。

正如尼布尔的祈祷文中说的："神呀，求你赐我勇气去改变我能改变的事情，赐我平静接受我不能改变的，并赐我智慧去认识这两者的区别。"幸运的是，这种智慧可以通过学习获得。

那么，我们要怎么改变呢？首先要为自己创造一个积极的环境。

哈佛大学的艾伦·朗格（Ellen Langer）教授在1979年曾做过一个非常有趣的实验。她把一组75岁以上的老爷爷送到一座别墅里。别墅里从陈设到他们听的音乐，乃至他们读的报纸，都是1959年的，也就是20年前的。实验要求他们每个人都要进入角色，扮演 20 年前的自己。

实验结果令人震惊，一周之后，所有老人的心理和生理年龄都变年轻了。他们在各项测试中变得更灵活，变得更有力气，身体变得强壮，记忆力也有了明显提升。总之，他们更快乐，更独立，更有幸福感了。

这些老人的视力和听力都在短短一周内有了改善，这仅仅因为他们进入了一个积极的情境中。通过扮演某个角色，他们就变成了那个角色。

这的确令人震惊，一个星期竟然可以发生如此巨大的变化！问题是，我们应该如何创造积极情境？我们应该如何创造一个利用角色自我改进的情境？我们应该如何在意识和潜意识里、内部和外部都创造一个积极的环境，让环境造就最杰出的自己？

这里不得不提到信念的力量。信念，即自我实现预言，也叫自我暗示，是由美国社会学家罗伯特·莫顿提出的一种社会心理学现象，是指人们先入为主的判断无论正确与否，都将或多或少地影响人们的行为，以至于这个判断最后真的能实现。

在这里我要讲一个特别的故事。罗杰·班尼斯特（Roger Bannister）是一个跑步健将。在讲他的故事之前，我要先给大家科普一下：直到 1954 年之前，人类在 4 分钟内跑完 1 英里，也就是 1609 米，是不可能的。医生、生理学家用科学的方法证明了 4

分钟跑 1 英里是人类的极限。

当时的跑步者们也证明了医生们是对的，因为没有人可以用少于 4 分钟的时间跑完 1 英里。而罗杰·班尼斯特虽然不是最杰出的跑步者，却坚信人类没有跑步极限，4 分钟内跑完 1 英里是有可能的，而且要证明给大家看。

他当时的最好成绩是 4 分 12 秒。他坚持苦练，慢慢有了进步。4 分 10 秒，4 分 5 秒，4 分 2 秒，然后又像所有人一样停滞不前了。但他仍然坚信这是有可能的，在这件事上人类没有极限。

他坚持训练，几年下来却一直失败。直到 1954 年 5 月 6 日，他跑了 3 分 59 秒。这个成绩轰动了世界，他证明医生们错了，人类没有跑步极限。

更令人震惊的是，6 个月后，澳大利亚人约翰·兰迪（John Landy）跑了 3 分 57.9 秒。第二年，37 名跑步者在 4 分钟内跑完 1 英里。第三年，300 多名跑步者也相继超越了"人类极限"。

这个故事对罗杰·班尼斯特来讲是自我实现预言的正面例子。但对于其他跑步者来说是自我实现预言的负面例子。罗杰·班尼斯特坚持他的信念，不断失败，再不断努力，最终在 4 分钟内跑完 1 英里。

这是怎么回事？是他更努力训练了？还是有人新发明了助跑鞋子？都不是，是信念，是他永不放弃的信念，他坚信人类没有跑步极限。虽然他不是最杰出的跑步者，但他相信只要努力就一定可以做到。

信念的力量如此强大。而对于其他的跑步者们，尤其是那些在罗杰·班尼斯特之后也相继超越 4 分钟极限的人，不是因为这些人以前跑到 4 分钟，看看手表说，不好，我无法超越人类极限，我要慢一点了。不是的，他们一直都尽了最大努力，然而他们的潜意识限制了他们，阻止他们突破极限，并不是身体的极限，而是心理的极限。

而当罗杰·班尼斯特率先突破这一极限——意识和心理上的极限时，大家都相信自己也可以做到，甚至轻而易举就能比罗杰·班尼斯特做得更好。信念，即自我实现预言，经常决定我们的表现，决定我们的人际关系。人生成功和幸福的头号预言就是自我实现预言。

在今天的这节课中，我着重讲了首先要接纳现在的自己，无论现在处于什么状况，都要无条件地接受自己，接受自己和别人不一样，接受自己和别人所处的人生阶段不一样。在接受自己的前提下，要为自己树立愿意学习的榜样，我们在上一节课讲到了榜样的力量。这个时候，你要坚信自己可以做到。

就像 75 岁的老人们，当他们生活的环境使他们自己相信他们回到了 20 年前时，他们就觉得真的变年轻了。当罗杰·班尼斯特坚信人类没有跑步极限时，他率先超越了 4 分钟的跑步大关。

今天的作业是：思考一下你有没有什么自我实现预言，正面的、负面的都可以。你的负面自我实现预言是什么？是我永远都没有某某有出息？还是像我这样普普通通的人他肯定不会喜欢我？

如果是这样，我请你想一想，真的是这样吗？请你先放下这些负面想法，为自己设立一个正面、积极的信念，然后花点时间去想象自己在信念完成后的喜悦，看看自己有没有什么改变。我们明天再见！

DAY 5
内因二：教你调控自己的大脑

在上一节课，我讲到了积极的环境和信念对一个人的重要性。现在，让我们看一个反面例子，看看消极情绪对我们有什么影响。

消极情绪会使我们的意识、思维变得狭窄，只专注于一件事情。这也许是一件好事。想象一下，如果一只老虎朝我跑来，我不会去想还有一份报告要交，或者刚刚跟先生吵了一架。我的意识会变得狭窄，我只想着这只老虎，然后进入对抗或逃跑模式。

当老虎朝我跑来时，我的思维收紧是一件好事。但如果它持续收紧，收紧到超出威胁，超出我当前面对的困难，那么我会进入一个下行螺旋、一个恶性循环，即狭窄收紧的模式。

拿疫情举个例子。当我们每天听到很多负面新闻，比如海外又有多少新增感染者，死亡人数又增长了多少，我所在的城市又发现了海外输入病例，等等，同时我们又允许自己的意识收紧，也就是专注于只想这类事情的时候，我们就一定会担心、会害怕。

大量的负面信息容易使人有一种替代性的心理创伤。虽然我们自己并没有得病，没有失业，没有陷入经济危机，但因为经常地、定期地、过度地关注负面问题，会让很多敏感的、有高度同理心的人产生一种感同身受的痛苦。

当我们越想越多的时候，这种痛苦和消极的情绪会导致思维进一步地收紧和缩小。如果外界环境没有发生变化，这种负面情绪可能一直持续下去。你将很难摆脱这种下行螺旋，直到抑郁。人一旦抑郁就更难摆脱这种消极情绪、这种恶性循环。

相反地，"扩张"和"建造"会带来正面情绪。我们要先做到不把自己置身于负面环境中，比如不要看负面新闻，不要看未经证实或者导致恐慌的信息，不要看可能造成创伤但自己又无能为力的信息。同时要限定查阅新闻的次数，防止信息过载，避免出现"看新闻—焦虑难受—紧盯新闻—焦虑升级"的恶性循环。我们应少关注负面新闻，把注意力放在其他事情上。我们应多去关注身边真实的人和事，要去思考：我现在能做什么？我应该把时间花在什么事情上？

比如在家里看一部搞笑的电影，看一本以前一直想看却没时间看的书；安静下来，做深呼吸；与积极正面的朋友交流，陪伴家人……正面情绪可以帮助我们从下行螺旋逐渐进入上升螺旋，而且通常不用很久。当这种正面情绪进一步地扩张和建造，人们的眼界就变得更宽，跟其他人产生了更多的链接，于是会变得更加积极，这就是一个良性循环。

为什么积极的环境对人这么重要？这里不得不提到"影射"的概念。影射是指在我们的意识或潜意识里植入一粒种子，一种信念，一个词或一幅画，看它会如何影响我们的思想和行为。

纽约大学的教授曾经做了一项研究。他让一组实验参与者在屏幕上看到很多形容"老"的词，比如皱纹、拐杖、老花镜等，然后对他们和对照组的智力和记忆力进行测试，结果，被形容"老"的词影射过的这组参与者的记忆力表现得比对照组要差。

另外，他们观察这些人，记录他们从实验地点走到电梯的时间，还找来勘测员（就是那些不了解实验情况的人）评估所有人走路的形态。用"老"影射过的人行走起来真的比其他人更弯腰驼背，走向电梯的速度明显更慢。虽然不知道自己被与"老"相关的词影射过，但他们走向电梯的速度比没有受到影响的人慢，完全是潜意识的。

影射为什么会有这么大的作用？只是看了一组形容"老"的词就会影响一个人的行为吗？

让我们从心理学的角度来分析一下这种强大的精神力量的

成因。每个人对世界都有一些固有思维，比如：我认为物体在半空被抛出会落下；我们对自然现象，对人、事、物都有我们已经形成的看法；这个人是个好人，我喜欢；那个人不太好，我不喜欢……

至于外部世界，不管我相不相信，物体在半空被抛出都会落下，这是万有引力定律。不管我怎么认为，这个人待人友善，那个人斤斤计较，也不会因为我的认知而改变。事物有两个部分，一个是我们内在对它的认知，另一个是它本来的样子。但有一个很有趣的现象，我们的思维不喜欢内部与外部存在差异。我们的思维和大脑希望内在认知和外部现实是统一的，如果不相同，我们就会产生不适感，我们甚至会不惜代价，想让两者相合。

这就解释了我刚刚举例的实验。当我们反复地看到形容"老"的词语时，大脑寻找一致性，我们的行为至少在短时间内会反射出大脑想到的"老"的形象，走路就自然地慢了下来。

我们要如何让"大脑寻找一致性"这个特性为我们所用呢？或者说不给我们带来负面影响呢？首先，要更新自我认知。我原来觉得那个同事很讨厌，因为他斤斤计较，但是我发现他在别人有困难的时候还是很乐于助人的，于是我更新我的自我认知：他其实还是一个不错的人。这样，我就变得不那么讨厌他了，跟他相处起来也变得轻松愉快了。

其次，要学会忽视一些外部信息。我不去理会我不喜欢的现实，多去听、多去想我喜欢的，并去找证据证明它。对我来说，我选择不去看负面的新闻，而是把时间花在与朋友交流以及陪伴家人上。

最后，就是尽可能地为自己创造新的现实。我在上一节课提到，在1954年之前，因为普遍相信人类有跑步极限，是不可能突破4分钟内跑完1英里的极限的。而罗杰·班尼斯特改变了这个现实，不只对自己，也改变了其他跑步者的现实。

"百折不挠，愈挫愈勇"这种态度值得我们每个人学习。那让我带你们看看悲观主义的人遇事是怎么反应的。他们往往对自己没有太多的期待，事实也是他们往往表现一般。他会跟别人说，你看，我之前告诉过你吧，我不擅长做这个。于是其他人也异口同声地说，是的，你告诉我们了。有时他们取得成功，他们会说，这只是我太幸运了，这次太阳从西边出来了，不会再发生了。而内在认知与外部现实再一次结合，不成功的现实多半会变成真的现实。

乐观主义和悲观主义跟我们的心理、生理健康也息息相关。乐观主义可以使我们的免疫系统更好地工作。更乐观或更积极的人不仅饮食会更健康，压力也会更小，这些都有助于免疫系统的增强。

我们在这一节课学到了影射的作用，学到了心理图式和外部现实的相合性、一致性以及实现一致性的三种做法。我们学到了做一个积极、乐观的人对于我们的心理和生理健康的重要性。

正如自我知觉理论向我们表明的：我们想象中失败的痛苦，远远比失败给我们带来的痛苦更多。对于健康的青壮年人来说，我们对疾病的恐惧有时比真的得一场病给我们带来的伤害更大。

今天的作业是：学习利用"影射"扩张和建造我们的思维，把我们带出狭窄收紧的思维模式，带入一个良性循环的上升螺旋中。

你可以找些喜欢的人或地方的照片，一些让你开心的东西，比如你喜欢的画家的作品，让你觉得温暖的图片，你喜欢的书，让你心灵震撼的音乐，能激励你的电影等，然后反复观看或聆听。这些都会帮助你为自己创造新的现实。我们明天再见！

DAY 6

内因三：教你成为积极者

我们在上一节课学到了做一个积极、乐观的人对于我们的心理、生理健康的重要性。今天我们要进一步探讨消极的和积极的个性是怎么形成的问题。为什么积极的个性对于追求人生的终极目标——幸福，有着决定性的意义？同时我也要给大家分享几个改变自己、成为积极者的小窍门。

不知道大家有没有想过，其实我们很多时候面对难题，是因为我们把眼光关注在错误的地方。我们创造了我们的现实。我听说过一个故事，讲的是一个小公司的小员工，他每天中午在办公室里吃他自己带的午餐，每天都是米饭和青椒肉丝。每天吃午餐的时候他都抱怨："这难吃的青椒肉丝。"日复一日，直到有一天，他的一个同事忍不住问："如果你这么不喜欢吃青椒肉丝，为什么不让你太太帮你带点别的？"他说："什么太太？我还没结婚，午餐是我自己准备的。"

我每次听到这个故事都觉得很好笑。很多人的不快乐都是自己造成的。消极者总是专注不顺利的事，关注青椒肉丝，关注自己和家人的问题、工作的问题、老板的问题，总是爱抱怨，没有想到自己其实是那个现实缔造者。

无论换了什么工作，都会有一个令人讨厌的老板。无论和什么人结婚，对象都很糟糕，都自私，不为他人着想。无论去什么饭店得到的服务都很差。他们总是吃着自己做的、一成不变的、令人讨厌的青椒肉丝。

而积极者则选择专注于生活中阳光的一面，在平凡里找到奇迹。很多时候每个人被赋予的都是上帝给的一块大石头。我们是像米开朗基罗雕刻大卫雕像一样，把多余的砸去，把它变成一个艺术品，还是把它当成一块挡路石，这是我们自己的选择。石头就在那儿，我们生来的天赋能力就在那儿，不是因为我们而存在，但我们用它做什么我们自己要负责。

当然，我们也要明白，我们每个人都存在于两者之间，就是完全消极和完全积极这两个极端中间的某一点上。没有人是完全积极的，也没有人是完全消极的。我们要做的是逐渐地向积极的方向改变。

DAY6 内因三：教你成为积极者

被誉为"唐宋八大家"之一的北宋文学家苏洵，年少的时候并不喜欢读书，他到了 27 岁才开始努力读书，经过十多年的闭门苦读，他潜心研究儒家的六经和百家学说，最终成为一代著名文学家。虽然我不知道是什么原因让苏洵在 27 岁的时候开始发奋读书，但是苏洵大器晚成的故事告诉我们，我们每个人都可以在人生的任何时间、任何阶段选择重新开始，选择积极地面对自己今后的人生。你与你梦想之间的距离不过是你的认知与选择，加上持之以恒的努力与付出而已。苏洵的人生经历可谓是：十年不鸣，一鸣惊人；十年不飞，一飞冲天。但是这"不鸣""不飞"与"一鸣""一飞"中间是大家看不到的"三更灯火五更鸡""一分耕耘一分收获""锲而不舍，金石可镂"。

诺贝尔和平奖获得者、南非前总统曼德拉曾说过：在监狱中度过人生最好的 27 年时光无疑是悲剧，但它给了我一个在外面不可能有的机会，就是安安静静地思考。

在离开牢房后，曼德拉面对曾经百般凌虐过他的监狱看守时说："当我走出囚室、迈过通往自由的监狱大门时，我已经清楚，自己若不能把悲痛与怨恨留在身后，那么我其实仍在狱中。"

孔子在《论语》中说道：以直报怨，以德报德。以德报德很容易理解，就是用善行回报善行。以直报怨的意思是：不以有旧恶旧怨而改变自己的公平正直，也就是坚持了正直。曼德拉做到了"以直报怨"。他自己若不能把悲痛与怨恨留在身后，那么他其实仍在狱中。他的认知是：不以有旧恶旧怨而改变自己的公平正直。他的选择是：不受环境、事件的干扰，坚持自己的初心。他的理解、认知与选择帮助他把悲痛、怨恨化解于无形当中。

记住，我们的现实生活是我们自己创造的。没有一个人能够永远一帆风顺，而我们遇事之后的选择决定了我们是否能够做到：无论外面如何风雨交加，我们仍能不忘初心，快乐地活着。

如果我罗列的这几个采取消极心态或积极心态可以改变人生的例子，还不能说服你立定心志让自己更积极地面对人生，那么我就再介绍一个最著名、最具影响力的乐观主义实验——修女实验。

在1932年，178位修女完成受训，她们的平均年龄大约是22岁。这些即将开始传教的修女，受到方方面面的测试，其中一个就是要写一篇关于自己的短小传记。这些资料被当时的心理学家收集起来了。

几十年后，心理学家对资料进行研究，想找到长寿的预测因素。首先他们看修女的传记写得有多深奥，也就是说考察她们的智力水平，但是这跟长寿一点关系都没有。然后看她们居住环境的污染程度会不会影响她们的寿命，发现也没有联系。住加州和住波士顿并没有什么区别。他们研究修女信仰的虔诚程度，对长寿也没什么影响。只有一样东西跟她们的寿命有联系，那就是情绪。

研究人员所做的是：63年后，也就是修女们85岁时，看她们写的传记。研究人员并不认识这些修女，他们把传记分成四类：情绪最积极的，情绪最不积极的，中间还有两类。然后比较情绪最积极的那类和情绪最不积极的那类，再看她们的存活率。他们得出如下结论：情绪最积极的那类有90%还活着，而情绪最不积极的那类只有34%仍在世。两个数据相差很大。

这不是说明消极者就不会活到120岁，也不是说积极者就不会于30岁死于心脏病。但平均来说，在这个长寿研究中，最能解释两组数据相差如此之大的原因的，就是情绪。在修女们94岁的时候，情绪最积极的类别中有54%还活着，而情绪最不积极的那类只有11%仍在世。这个差别还是很显著的。

从秦始皇兴师动众入海求仙，到唐太宗乱食丹药，中毒而死，很多中国人的心里都有追求延年益寿甚至长生不老的渴望。其实修女实验让我们知道，延年益寿不是不可能的。与其寻找灵丹妙药，不如乐观积极地生活。

我的问题是：如果积极这么好，为什么乐观主义者并不常见？这里不得不提到部分媒体热衷于"负面报道"的趋势。仇恨、疾病、死亡、战争……负面报道因为能足够吸引眼球而极具市场价值，所以深受众多媒体青睐。当人们每天沉浸于负面新闻，被消极信息轰炸时，要怎么才能变得积极乐观？媒体也没有全错，他们的确有责任把社会的阴暗面公诸于世，鼓励人们去行动，去改变，让世界变得更美好。但一些媒体不是就事论事，而是只公布事实的一部分——能吸引眼球的那部分，他们带着导向性去报道，更偏向负面新闻。负面新闻就像一面放大镜，而不是眼镜：眼镜可以帮助人看得更清楚，而放大镜如果只聚焦在负面的事情上，则会把坏事放大，把人们变成悲观消极者。

我每天看到身边各种各样不可抗拒的天灾和令人痛彻心扉的人祸的新闻时，都难免心情沉重。但我要时刻提醒自己不要被媒体拽着跑，要客观、全面地看问题。

当然，媒体的外部影响只是人们趋于消极的原因之一，更主要的原因还是内在因素。相信很多人都听说过墨菲定律："如果事情有变坏的可能，不管这种可能有多小，它总会发生。"可能大家总是以各种各样的方式犯着不想犯的错误，所以这句话广泛地流传开来。也因此，很多人在遭遇糟糕的事情时，总是认为这就是"墨菲定律"在起作用。

他们的标志性话语通常有"你看，果真是这样吧""我就说过肯定不行""你看应验了吧"……更有甚者把这种情况当成一种宿命论——比如"我就是一个经常倒霉的人"。

DAY6 内因三：教你成为积极者

大脑有一个非常不好的习惯，它讨厌麻烦，讨厌深度思考，于是总希望可以用一个理由来解释进而解决所有的疑问。在这种情况下，"墨菲定律"给了人们充足的借口，一个悲观消极的借口。

我们要如何变为积极者呢？其实与墨菲定律相对应的还有一个定律叫"吸引力法则"，又叫"吸引定律"，是指思想集中在某一领域的时候，跟这个领域相关的人、事、物就会被它吸引而来。

有一种我们看不见的能量，一直引导着整个宇宙规律性地运转，正是因为它的作用，地球才能够在46亿年的时间里保持着运转的状态。为什么吸引力法则没有像墨菲定律那样被更广泛地应用？因为这个定律需要我们积极地展开想象，不停地思考，而且要付诸行动。

当然吸引力法则也有它的局限性。朗达·拜恩（Rhonda Byrne）很出名的一本书《秘密》（*The Secret*），可能很多朋友都看过，我认为这是一本好书，但他过分地鼓吹了吸引力法则。我们的精神能创造现实，但这不是全部。我们创造了现实，或者说共同创造了现实。我们还会受到外界和内心世界的影响。你相信自己会成功，你就的确更有可能会成功。但这不是全部，因为成功也离不开刻苦勤奋与坚持不懈，也避免不了失败，但是你可以从失败中学习。

吸引力法则只是成功方程式的一半。在20世纪的自助运动中，自助书籍传播的信息很多时候是言过其实的，对读者来说收效甚微。如果一切都建立在吸引力法则上，那么一切事物都要自己负责。举一个不太恰当的例子，一个 3 岁的被虐待的小女孩和一个 30 岁被酒驾司机撞断了腿的人，难道这全因他们自身的责任吗？有些事情是在我们控制能力之外的。

吸引力法则短期看来的确可以帮助我们坚定信念，获得幸福感。但如果你不懂得成功方程式的另一半，盲目推崇吸引力法则，长期来看，你会感到挫败、内疚和不快乐，而且离成功越来越远。因为如果我真的相信一切皆由思考决定，那么这会成为我的心态。我只要相信，钱就会滚滚而来，爱情也会降临于我。这抹杀了勤奋工作、坚韧不拔及失败的作用。因为它们正是成功、幸福以及完美人生的另一个重要组成部分。

所以，我们需要辩证地看待吸引力法则，不要把它神秘化、神奇化，而是应该取其精华，去其糟粕，着重利用它能帮助人变得更加乐观积极的部分。除此之外，还有什么好的方法可以帮助我们变得更加乐观积极呢？

首先，要有选择性地关注媒体。因为我们从外部摄取的信息会影响我们对外部世界和自身的看法，让我们变得更积极或者更消极。

其次，要培养自己对艺术的兴趣和鉴赏力，这一点非常重要，但往往被大家忽视。艺术在历史进程中无数次地推动了世界改变。无论是从黑暗时代，进入文艺复兴，还是18、19世纪兴起的浪漫主义艺术，都为人们铺设了通向自由之路。

20世纪30、40年代好莱坞的兴起，带给因战争变得沮丧的人们以希望。好的艺术作品可以点燃人的灵性。因为我们要么活得像一个"生活的鉴赏家"，要么"麻木如同死亡"。人们既需要通过充满激情的艺术形象以激荡自己的情感，也需要春花秋月来抚慰自己的心灵，既需要单纯的美的感受，也需要那些具有深刻哲理的伟大的艺术创造来丰富自己的精神境界。人类创造了艺术，而启发性的艺术作品也同样满足了人类精神世界的各种需要。精神世界丰富的人无疑更快乐。

这一点也让我联想到，其实我们从小到大一直挂在嘴边的口号——德、智、体、美、劳全面发展——总结得还是很到位的。我们从小长大的年代，因为升学的压力，学校和家长大多只注重了孩子"智"的发展，这的确很遗憾，但好消息是，哪怕你已经三四十岁了，现在开始培养自己其他方面的兴趣爱好也为时不晚。

今天的课程，我们深度探讨了乐观积极和悲观消极对一个人的影响，也给大家讲了几个帮助自己变得更加乐观积极的方法。没错，你可以选择成为一个积极者，选择权在你手里。

今天的作业是：回忆一下，自己有没有曾经被墨菲定律引向宿命论？如果有，是在什么事情上？其实这种心态很普遍，我曾经也有这个问题。我与先生蜜月旅行的时候吵了一架，虽然很快和好了，可我总是觉得蜜月就吵架不是好兆头，果不其然，在接下来的旅行中无一例外，常常就莫名其妙地吵架，我心里会想，看吧，这次旅行果然又吵架了。

感谢"哈佛幸福课"帮我打破墨菲定律的魔咒，认识自己习惯性的不良思维方式，并决心改变。你们也可以，认识到问题的存在就是改变的开始。我们明天见！

DAY 7

内因驱动下获得幸福的三大法宝是什么

我们在前几节课里了解学习了积极心理学的重要性，为课程学习奠定了理论基础，也学习了如何通过信念创造现实，如何辩证地看待吸引力法则。在今天的课程里，我要教大家变得更快乐的三个法宝，第一个法宝是采取行动。有些书籍上说："你就每天告诉你的孩子，你真棒；站在镜子面前告诉自己，'你真漂亮'。"相信我，这些方法我都试过，没有用。实际上，长期这样做甚至会影响你的自信和自尊，也伤及孩子的积极性。无论你的孩子表现如何，你都说"哇，你真棒，你真是个好孩子"，你的孩子会失去奋斗的动力。我们要学习如何赞美才有效果。

我想读到这里大家可能会有一个问题，我们上一节课不是讲到影射的力量，还有信念创造现实吗？为什么我们不能通过夸奖自己和他人树立自信，变得更积极？这些都对，这些积极正面的想法都很好，但是光有信念是不够的，就像吸引力法则是有效的，但是单单相信吸引力法则，把对它的应用停留在想象阶段也是徒劳无功的。最重要的还是要付诸行动。

置之死地而后生，中国历史上也不乏这种事例。《史记·项羽本纪》载："项羽乃悉引兵渡河，皆沉船，破釜甑，烧庐舍，持三日粮，以示士卒必死，无一还心。"意思是：项羽引全部士兵渡过黄河，把船沉入河中，砸破做饭的锅，烧了住处，只带三天的干粮，以表示不死不息，非打胜仗不可的决心。后人由"皆沉船，破釜甑"提炼出成语"破釜沉舟"来比喻不留退路，做事果决。

也许，事先断绝退路，就能下定决心，努力尝试，取得最终成功。哪怕只是一点点的成功也能有助于提高自我效能，反过来激励我们更勇于尝试，敢于冒险；而却步不前，则会迷失自我。

我希望大家都能更多地正视失败，面对逆境与失败的时候可以用不同的方法去诠释。当你改变了自己的认知，你也可以和项羽一样绝处逢生。因为成功的途径只有一条，就是不断地从失败中爬起来再走。而这条勇往直前追求成功的道路，往往会使人更有斗志，也更加快乐。有了坚定的信念并行动，会让我们变得更快乐，这一点非常通俗易懂。

第二个法宝是形象化的力量。我们的大脑不能区分想象和现实。哈佛大学的心理学系主任斯蒂芬·科斯林（Stephen Kosslyn）教授说："当我们看到某样东西，比如，我现在看着我的手，大脑的某些神经元被激活，我记住了这只手的形状。我闭上眼睛想象我的这只手，即使我没有看着它，相同的神经元也会被激活。换句话说，我们的大脑无法区别真实的景象和想象的景象。"

不管是做梦还是我们的想象，至少对于大脑来说与现实没有区别。当我们想象积极事物，从某种意义上讲，我允许我的大脑做个模型，或者说我是在"欺骗"大脑，让它认为这是真的。我的潜意识无法区别真实的和假想的事物。如果我想象着达到目标并坚持不懈，不止想象一次，持续不断地想象，我会慢慢使外部现实和内心的想象相符。通过这样的场景模拟，我们都可以做到。

我想给大家举一个自己克服恐惧的例子。在过去的工作中，我有很多上台演讲的机会，也因为"久经沙场"所以不再畏惧演讲台。但跟大多数人一样，我并不是天生就擅长演讲，甚至时至今日，演讲也并不是我最爱做的事情。但是我知道演讲是领导者必备的能力，演讲可以拉近演讲者与听众的距离，演讲可以让你的思想得以传递，让思想更有影响力。

我刚刚开始演讲的时候，也曾经多次在演讲台上经历"滑铁卢"。有时候，我明明反复准备到几乎可以将演讲稿倒背如流了，但是在聚光灯下，也会突然大脑一片空白，一句话也想不起来，吓得自己一身冷汗，几乎不能呼吸。有时候，我会试图讲一个笑话，缓解一下自己紧张的情绪，可是讲出来的笑话没有令一个人发笑。

在这一点上，想象"演讲成功"的场景给了我很大的帮助，它可以帮助我放松心情。我反复在头脑中练习演讲稿，想象自己充满能量，看上去兴奋且自信；想象自己与听众互动、意气风发、掌控自如。慢慢地，这些想象在我的演讲中成真。虽然并不是每一次都可以超常发挥，但是我也很乐于接受自己的有限与失败，因为正是这些失败的经历，激励我继续努力，变成更好的自己。

虽然想象成功的场景并不是每次都有用，但是很多时候这种方法是有用的。这也解释了为什么飞行员可以用飞行模拟器训练对突发事件的反应。而当突发事件真正发生的时候，即使是第一次面对这样的问题，优秀的飞行员也能处理和化解危机。

想象的时候，还有一个非常重要的窍门：不单单要想象你想要的结果，还要想象努力达到这个结果的过程。加州大学的凯利·泰勒（Kelly Talor）教授曾经做过一个实验：让一组学生想象自己考试得到 A，让另一组学生想象自己努力复习，在图书馆查找资料、认真准备，最后考试得到 A。最后考试的结果是第二组考得更好一点。这并不是说以后考试都不需要复习了，而是说在复习的基础上，你的想象会帮助你达到你想要的效果。在想象的时候要尽可能逼真点儿，把各种感官都用上。运用的感官越多，我们的大脑就越"相信"这是真实的。

最后，就是要唤起情绪，这不仅仅是一个认知训练。你要对自己正在做的事情感到非常兴奋。没有情感激扬，就没有行动。你想要自己或别人行动起来，就要先激起情感共鸣。在这里我有一个非常好的例子。1943年，宋美龄在美国国会上发表演讲。她向美国宣讲了中国抗战的情况，争取到了美国对中国更多的军事援助，推动了美国各界的对华募捐，并促成了美国国会废除《排华法》。

这里我选取演讲的片段："贵国与我国有着160年悠久历史的友谊。我认为，我也相信，诸位和我一样，认识到美中两国人民有着极大的相同之处，而正是这些相似之处奠定了我们友谊的基础。"

她接着举了一个例子："杜利特尔将军和他的部下前往东京作战返航的途中，一些战士来到我国避难。其中的一个人告诉我，他被迫从飞机上跳伞，踏上我国土地时，看到当地居民跑向他，他挥舞着手臂，口里喊着他唯一知晓的两个汉字'美国，美国'。在我国，这两个字的字面意思是"美丽的国家"。我的国民听到他那有趣的发音后大笑了起来，并拥抱着欢迎他，好似找到了失去已久的兄弟。后来，他又告诉我，见到了我国热情的人民，他好似回到了家一样安心和温暖。而那是他第一次踏上中国的土地。"

讲到这里，宋美龄赢得了美国听众持续不断的掌声。一个伟大的演讲可以利用感官创造一幅画面，让人产生共情。

最后要给大家介绍的法宝就是——认知疗法，它被证明是近40年来最有效的干预方法，主要针对抑郁症、焦虑症等心理疾病和不合理认知导致的心理问题。它的主要着眼点放在患者不合理的认知问题上，通过改变患者对己、对人或对事的看法与态度来改善心理问题。简单地说，就是要学习乐观地去诠释事情。

它的基本前提是思维驱动情感。比如：外部一个事件发生，我感知到这个事件，感知到这个事件后的行动是对这件事进行评估（也就是对这件事情进行思考），之后就唤起了情感。

举一个例子：一只老虎朝我扑来，我的评估是"它会吃了我"，我的情感是"害怕"。认知疗法认为，如果我们想改变情感，无论是焦虑还是抑郁，我们要干预的阶段是在评估阶段。要明白我们对事件的评估与事件本身是否相符。如果可以改变我们的评估，就可以改变我们的情感反应。我们要恢复理性意识。这并不是说，我站在老虎面前紧张，我就要改变对老虎朝我扑来这一事实的评估，以及害怕的情绪。这时候害怕是正常的、健康的，也是自然的情绪。我想讲的是，很多时候我们的评估是荒谬的。

我一次考试考不好，我就开始想：我可真笨呀，我永远都考不好了！进而认为自己做什么都不行。这就是对情境荒谬的评估。认知疗法就是帮助我们恢复理性，快速、有效地避免三个陷阱：放大化、缩小化和虚构捏造受害者心理。

什么是放大化？就是过分归纳。归纳法，没有错。孩子第一次看到家人，他会想："哦，原来人是这样的。"他再看见其他人的时候，会从他之前见过的人，归纳出这是一个人。我们每个人都是这样形成思维和观念的。问题是有的时候我们做得过多，想的过多，过分地归纳。比如我前面举的例子，我考试没考好，归纳为我不聪明，我总是考不好，我做什么都不行，这就是过度归纳了。这种评估是不理性的，应当把失败当成一次机会，一个跳板，不要把一次的失败想成世界末日。

相反，有时候我们也会"极小化"，就是"隧道视野"。比如我有600个学生，598个在认真听课，1个在看天花板，1个在睡觉。隧道视野就是我只关注那个睡觉的人，我对自己说，我上的课真无聊。反过来，600个学生中598个在睡觉，1个在看天花板，1个在大声地呼喊：老师你讲得太好了。隧道视野就是我只关注那个夸我好的人。这现实吗？放大化或极小化都不好。认知疗法就是把现实主义引入这个等式。不只关注于一点（一次的失败或一个人不喜欢自己），而是要看到全局，允许自己做人。

隧道视野的人往往不去留意那598个认真听课，或者598个

57

睡觉的人。忽视积极面的人觉得比起失败来说，积极的方面都微不足道，都不重要。这是过度个人化，或是过度自责，它忽视了"其实大部分的学生喜欢接受我"的现实。

第三个陷阱是情感推理，虚构捏造事实。比如我要去参加一个很重要的面试，我有点紧张、担心、害怕。所以我得出结论：面试是危险的。我选取了一个情绪，并让它成为现实，而不是把情绪仅仅当作情绪，明白它不一定符合现实，只是我个人对现实的一种认知和评估。

在对100位幸福感最高的人的调查中发现，他们并没有比其他人少经历痛苦，而是由于他们对痛苦的诠释不同，他们恢复得更加迅速。当他们沮丧时，会说这没什么大不了的，我能从中学到什么，我可以做什么来改变现状，我怎样让自己感觉好起来。

我们每天所面对的事情在很多时候并不是我们直接导致的，也不受我们控制，比如疫情。重要的是我们应该怎么对待这些状况。因为我们的态度会成为我们的自我实现预言。悲观者说，这对我们的影响是持续的、长久的、不可逆转的。乐观者说，一切总会好起来的，至少我们改善了自己和孩子的卫生习惯，孩子也学会勤洗手，我也有了和家人相处的时间。无论是向下的抑郁螺旋，还是上升的快乐螺旋，都取决于我们自己的选择。

这三个让自己变得更幸福的法宝，不知道大家学会了没有？

今天的作业就是：想象最近发生的一件事，仔细回忆一下细节，看看自己在哪里歪曲了事实，导致了不必要的消极情绪。评估会变成现实。发现和认识到自己的习惯性评估方式或者思考方式就是改变的开始。艾默生说过：对不同思想而言，世界既是天堂又是地狱。这里我加一句，我们可以把生活过成地狱，也可以把生活过成天堂，选择权在我们自己。我们明天见！

DAY 8
幸福行动法——感恩、幽默与日记

上一节课，我为大家分享了能让自己变得更幸福的三个法宝：采取行动，形象化的力量，认知疗法。大家学会了没有？这些法宝都是停留在心理层面的改变，在未来的几节课里我要继续给大家介绍几种行之有效的方法，它们会通过行为的改变让你变得更加幸福。

今天我要讲的第一种行为改变方法就是"感恩"。不要等到悲剧发生或者事情恶化后，才感激习以为常的事。人的本性是变化的探测器，这是人类适应环境的天性，但是当天天看到好的、正常的事情的时候，我们慢慢会变得对他们视而不见，我们把一切当作理所当然，我们的家人、朋友、工作、健康，而被吸引去关注的常常是特例和不好的东西。这一点我们在之前讲到负面新闻更吸引眼球的时候讲到过。

我听说过一个故事，它讲的是一个人去请教一个智者。他问道：我家房子很小，两个孩子很吵，经常打架，老婆天天抱怨，我的日子过不下去了，求你帮助我。智者说："你是不是有一只鸡在院子里，把它放到房间里一个星期。"结果家里变得更吵、更臭，老婆更抱怨。第二周他又去请教智者，智者说把你的牛放到房间里去，结果当然是更糟糕。第三周，智者说把你的马也放到房间里去。结果日子真的要过不下去了。第四周，他又去请教智者说求你这次一定要帮帮我，这回我的日子真的过不下去了。智者说，你把所有的动物都拿出去吧。这一次，他突然觉得家里的地方不仅大了，孩子也变乖了，连老婆都不抱怨了。大家想想看是什么改变了呢？

其实，改变的是他的心态。当事情变糟了的时候我们多么希望能回到原先的样子，哪怕原先的样子你曾经并不懂得珍惜。我们能不能不要总是等事情变糟后才感激习以为常的生活。我们要懂得感恩我们所拥有的健康，而不是直到失去后才明白。

还有我们身边的人，不要等到我们失去对我们很重要的人才后悔不已。我们身边有很多值得我们感激的人和事物，我们还要等待吗？我们要培养感恩的习惯，不要让好事变得习以为常。感恩会为我们带来良性循环。

想一想你上一次真心感激别人，又为其付出感谢的行动，你觉得怎么样？被你感谢的人觉得怎么样？试一试为今天的每件事感恩：太太做的早餐，孩子的拥抱，傍晚可以听听自己最喜欢的音乐，闻一闻雨后户外清新的味道……人如果可以对身边点点滴滴的小事心怀感恩，那么感恩就会慢慢变成一种习惯。

感恩会给我们带来什么样的好处呢？迈克尔·哈金斯（Michael Hudgins）曾经做过一个实验。他随机挑出一些人，把他们分成四组：第一组每晚睡前都要写下至少五件令他们感激的事；第二组写下至少五件生活中遇到的坏事；第三组写下至少五处自己比别人优秀的地方；第四组是对照组，他们可以随便写下一天中遇到的任何事。测量标准是，他们的乐观、幸福程度，身体健康程度，他们对别人有多慷慨和仁慈，最后还有他们达成目标的可能性。目标是他们预先为自己设定的，也就是测试他们有多成功。

这个实验为期半年，半年后的测评显示，最差的那组是每晚睡前写下生活中发生的五件坏事的。结果最好，也就是最乐观、最有可能达成目标的，是对别人最大方、最仁慈、最健康的那组——每晚睡前写下至少五件他们感激的事。实验证明，感恩的确对身体和心理都有好处。

这是因为感恩的心态刺激了人的副交感神经，而副交感神经在镇定身体方面会起到作用，可以让人感到平静。我们要学会用心思考我们拥有的一切美好的东西，不要漠视我们所拥有的。

我们的思维模式让我们一般都会问：我们哪里出问题了？我要怎样改进？这些当然也是很好的问题。但是只有当我们开始问我要感谢什么的时候，我们的思维方式才会慢慢发生改变。我们可以共同创造现实。我们会看见我们曾经漠视的现实，"感激是美德之源""美好的东西不懂得欣赏就会贬值"。

我们要做的就是行动起来，每天晚上抽出5分钟时间写下你的感恩日记：

感谢女儿与我分享她的秘密。

感谢朋友为我送来的美食。

感谢丈夫去超市为我们买回食物和生活用品。

感谢我温顺的宠物小猫，永远不变的陪伴。

感谢我家的小院春色满园，让人看了就心情舒畅。

是的，就是这样，可以非常简单。但是要真实地感恩。你也可以做到。

对别人表达感激也很重要。如何表达感激呢？要认真想，你要感谢什么，然后表达出来，比如写感谢信或者感谢拜访。如果不住在一个城市，不方便拜访的话，打电话也行。

要坐下来认真地想，我要感谢他什么？不只是简单地说"谢

DAY8 幸福行动法——感恩、幽默与日记

谢你"。不要视为理所当然，认为父母、老师和朋友当然知道你感激他们。我们表达感激的时候，我们会觉得很幸福，同样我们也会让对方感觉很好，这是一件双赢的事情。

这里需要提醒的是，一般当你这样做了之后，你会让自己觉得很好，但这种感觉最多只会持续一个月，所以你要持续地做感恩这件事。感谢不同的人，每周一次，或者每两周一次，至少每个月一次。我们写的那封感谢信就算不寄出去，因为敞开心扉，我们也会感到幸福水平提升。如果我们不懂感恩，我们对别人的付出视而不见，我们就麻木了。

让孩子从小就学会感恩也非常重要。我每天晚上都跟 8 岁的女儿谈她一天中经历的感恩与快乐的事。这么做有助于培养孩子乐观的性格。你会发现孩子会把说的话图像化。她讲幼儿园或学校发生的事情时经常眉飞色舞，那是因为她讲的，她能看到。大人也要学习图像化，这样我们就能像孩子一样有简单的快乐。

为了让感恩日记保持新鲜感，每天写的时候尽量多些变化，写的时候也要用心、用图像化的方法回忆一下你所感激的事情。比如我感谢先生晚餐做了我爱吃的香煎三文鱼，我就想象自己吃三文鱼时的满足感，也要想象三文鱼入口时醇厚馨香的味道。最重要的是要养成习惯，天天去做。21 天改变习惯，坚持下去就一定能改变。

有的朋友会说，我也知道要改变，可是改变真的很难。改变的确很难，但是可能。因为大脑是可以改变的，神经有可塑性，神经元通道可以改变。直到1998年，学术界的观念仍是：3岁以后，人的大脑就不可改变了。但事实是神经元可以不断生长，就像肌肉一样，多用就会更强壮。

神经通路会自我巩固，就像一条小溪流，有水的时候变宽，没水的时候变窄。我们遇到的每一件事情在大脑里被处理的时候，也更倾向于流向我们已经建好的渠道。起初，新的神经通路很窄，如果只记住一次就会退化，但反复记忆就会强化，变得越来越粗，最后，这件事就不会被忘记。神经通路与河流一样，可以自我强化。这一事实也进一步加固了这个既有的渠道。

如果想要记住一件事情，最好的办法就是和已经发生过的，或是已知的事情连接起来。这就是为什么联想记忆很管用，因为它利用了已有的神经通路。已经建成的神经通路会不断地吸引更多的活动，并在这个过程中变得越来越粗。没建成的小溪，也就是没被加固的神经元分支，就像小溪的支流一样，如果没有新的雨水注入，很快可能就干涸了。

经常练习音乐的人，比如弹琴的人，他们的大脑神经元会改变形状。因为更多的神经通路在那个区域形成。根据乐谱，我可以知道我的手要这样、那样移动。其实不需要思考，就能弹正确

DAY8 幸福行动法——感恩、幽默与日记

的琴键。这是习惯的自行巩固性。

当然，神经元通道有健康的和不健康的。一个总是忧心忡忡的人就会产生一个消极通道。一有事情发生，他就开始担心。所有的事情他都担心。任何事情发生，神经元就会流向最宽的河，对消极者来说，最宽的河就是消极思维。这样他的消极思维会被不断地加固。

相反，乐观主义者就拥有积极的脑神经通道。经常使用左侧前额皮质的人，比经常使用右侧前额皮质的人更快乐、更积极。因为我们有脑电图和核磁共振，能清晰地看到大脑两侧的运作。

了解了大脑的可塑性，让我们来回顾一下我们之前提到过的感恩日记，它可以使大脑中的感恩通道不断被建造。其实任何形式的日记都是一种有效的干预方式，可以帮助改变心理和生理健康。

德州大学的杰米·帕内贝克（Jamie Pennebaker）教授做过一个实验。参与者连续四天，每天都用15分钟的时间写下自己最难忘的经历。这些日记都是匿名的，并且绝对保密，所以可以放心大胆地写自己想写的任何事情。

实验要求参与者："连续写下你一生中最难过或最痛苦的经历，不必在意语法、拼写和句子结构。在日记中，要谈到你对这些经历的最深刻的想法和感受，最好是一些你从来没跟他人讲过

的经历。要写下你经历的事情发生时的感想，以及现在对它的看法如何。"

这其实并不容易，因为要敞开心扉，去触碰埋藏在你内心深处的感情和思想。实验要求参与者每天都写，可以每次写不同的痛苦经历，也可以在整个研究过程中都写同一个经历。结果他发现，经过四天，写下最痛苦、最难过的经历后，实验参与人员的焦虑水平竟呈上升趋势。他正考虑终止研究，但四天后，从第五天开始，尤其是第六天、第七天之后，奇怪的事发生了：他们的焦虑水平下降了，达到了原来的水平，之后还持续下降，最重要的是，在原来的水平之下保持稳定。

他密切留意着这些参加者长达一年，效果是持续的，他们的身体也变得更健康。结论就是：写日记对人生的改变有着极其重要的作用，不仅是心理的，还有身体方面的改变。

这是因为当你压抑你的痛苦情绪的时候，你也在不知不觉中压抑了你的快乐情绪。因为各种情绪的通道是同一个。当你敞开心扉让情绪尽情流动时，你被压抑的情绪也同时被打开，人会变得更阳光、更健康、更快乐。而日记的作用就是增强了神经通路的关联性。

参加实验者大都使用了领悟性词汇，如"现在我终于明白了"，他们在经历中找到关联性，"现在我可以面对它了"。他们在回忆整理并记录下整个事件的过程里得到了启示，他们看到了事件的整体性，回忆并分析事件增强了自己对生命的控制和预见能力。感受我们的生命是有关联性的，帮助人们看到了过去发生的不愉快的事件对现在人生的启迪意义。

其实有时候，乐观、幽默也是一种选择，我们选择是用愤怒、抱怨、不公的眼光来看待这个世界和过去的经历，还是用正念的眼光来看待世界，看待磨难和痛苦背后的成长？

幽默类似于正念与冥想，能激活副交感神经系统，可以让机体静下来，让我们在喧嚣的尘世中得到宁静，让我们的机体自我修复。而幽默通常带来的笑能降低我们体内的血清皮质醇水平。

当我们感受到压力时，血清皮质醇水平会上升，所以当我们面对压力时，让自己开怀大笑就能够降低压力带来的消极影响。你也可以在日记中记录生活中好笑的事，或者尝试发现事情好笑的一面并记录下来。慢慢地，你的大脑会培养幽默模式和寻找幽默模式。

我很欣赏清代著名书画家郑板桥，不单单因为他笔下气韵生动、形神兼备的兰、竹、石和他被誉为三绝的"诗、书、画"，更因为他一身正气、才思敏捷和坦然面对人生沉浮、恣意洒脱的人生态度。他笔下的"难得糊涂"与"吃亏是福"在我看来不单单是他的处世哲学，也透露着他骨子里的幽默感。郑板桥虽一生坎坷，但他懂得放下，这"难得糊涂"中无处不透露着他洒脱正直、坦荡无私的真我性格。

其实郑板桥的幽默在他早年就可见一斑。他年轻时家里很穷。虽然他的字画自成一格，意境深远，但因为无名无势，卖不出好价钱，家里没有什么值钱的东西。

一天，郑板桥躺在床上，忽见窗纸上映出一个鬼鬼祟祟的人影，他想：一定是小偷光临了，我家有什么值得他拿的呢？便高声吟起诗来："大风起兮月正昏，有劳君子到寒门！诗书腹内藏千卷，钱串床头没半根。"小偷听了，知道没什么可偷的，转身就溜。郑板桥又念了两句诗送行："出户休惊黄尾犬，越墙莫碍绿花盆。"小偷慌忙越墙逃走时，不小心把几块墙砖碰落在地，郑板桥家的黄狗叫着追住小偷就咬。郑板桥披衣出门，喝住黄狗，还把跌倒的小偷扶起来，一直送到大路上，作了个揖，又吟诵了两句诗："夜深费我披衣送，收拾雄心重做人。"

郑板桥吟退小偷的故事让我们看到了他的心胸宽广、睿智果敢和幽默风趣。他不仅于谈笑风生间巧妙地化解了飞来横祸，还不忘劝勉小偷重新做人，这也正是他的人格魅力。

卓别林说过："幽默是智慧的最高表现，具有幽默感的人最富有个人魅力，他不仅能与别人愉快相处，更重要的是能够拥有快乐的人生。"幽默就像乐观主义，我们透过它来看世界，它需要我们用正念来找到可能性，它能增进我们的健康，改善我们的社交关系和我们的身体状况。它也能作为一种心理治疗方法，让病人通过看幽默漫画、幽默电影等方法得到愉悦的体验，减轻病痛。

很多人把幽默看成一种奢侈品，但我认为，在痛苦、冲突、悲剧、经济倒退的时候，幽默对我们来说就尤为重要，变成了生活的必需品。我们有时要允许自己做"次等人类"，打破固有模式，发现生活的多样性。

在这一节课里，我们从心理学和神经科学的角度为大家讲解了感恩、写日记以及幽默对一个人健康快乐的重要性。理论可以帮助大家决定改变，但是只有行动才会帮助大家真正改变。

我们今天的作业就是：要开始学习感恩。请你开始写感恩日记，并坚持下去，每天写 5 分钟，然后看着自己的积极脑神经通道被慢慢建立起来，对人和事物都会有更平和、更感恩的心态。如果可以，也请你想一位你最想感谢的人，可以是你的父母，也可以是一个帮助过你的朋友，然后给他写一封感谢信寄给他，或者到他家里读给他听。

DAY 9
幸福行动法——运动与冥想

昨天我们讲了感恩的行动、幽默感和写日记会让人变得更加幸福。今天我们要讲另一种让你变得更幸福的行动,那就是运动。认知心理学专家马蒂·塞利格曼(Marty Seligman)曾经说过,心理学自身的问题就是:心理学关注的是脖子以上的部分,可是真正的问题往往出在脖子以下的部分。

其实我这里有一副很简单的"幸福灵药",就是:

1. 每周4次,每次半小时锻炼;

2. 每周6—7次15分钟冥想或者呼吸训练;

3. 每晚保证8小时睡眠;

4. 每天12个拥抱。

当今的社会,很多人不需要艰辛的劳作便可以解决温饱:打电话就可以订餐，不再需要做饭；打开暖气就可以取暖，不需要伐木、砍柴、生火……方便的生活是有代价的，很多人严重缺乏必要的运动，人们习惯坐着，在公司里的电脑前坐着，回到家里在电视机前坐着。缺乏运动的代价就是人的体质严重下降，患抑郁症的人数增加，多动症人群数量在上升。

杜克大学医学院的迈可·巴比亚克（Michael Babyak）教授和他的同事们曾进行过一项研究。他们找来了156个抑郁症患者，这些人有各种各样的症状，包括失眠、饮食不规律、无精打采、不愿动弹、情绪低落等，其中很多人甚至有自杀的想法和倾向，而且这些人身体都非常不好。

实验人员将他们带到实验室，随机分成三组，每组52个人。第一组是锻炼组，第二组是服药组，第三组既服药又锻炼。他们所服用的药是抗抑郁药；他们所做的运动是半小时中等强度的有氧运动，可以慢跑、竞走或游泳，一周三次，每次半小时，然后跟踪调查这三组人。

跟踪调查了4个月，结果他们发现：这三组人中，每一组都有超过60%的人情况有所好转，他们不再出现抑郁的症状。在各组之间只有一个区别：只锻炼的一组需要更长一点时间来治好抑郁症。在服药的情况下，一般需要花一两个星期就能见效。对于仅仅锻炼的一组，需要差不多一个月的时间才能见效。

但是，半年之后呢？服药组的抑郁症复发率是38%，既服药又锻炼组的复发率为31%，锻炼组的复发率仅为9%。结论是惊人的：锻炼的有效性如同服抗抑郁药。其实我认为应该反过来说，那就是"不锻炼就像服用抑郁药"。锻炼是人类的基本需求，我们如果不满足基本需求，疾病也许就会找到我们。人类尽量不要和自然作对。

运动这么重要，那么我们做什么运动好呢？运动的种类其实很多：第一是有氧运动，它堪比抗抑郁药；第二是举重训练，年纪越大举重训练越重要；第三是间歇运动，比如，全速跑达到165次／分的心率，休息一下让心率降到110次／分，然后再全速跑，之后再休息。最好每周可以保证3次30分钟的有氧运动。在这个基础上加入其他运动种类，花样越多越好。

我自己一直坚持每天带女儿晨跑，虽然只有短短的30分钟，但跑步之后觉得一天都能神清气爽。偶尔因为天气等原因没有跑步，就会感觉自己状态欠佳，工作时更难集中精力。

为什么运动这么重要呢？运动的好处有很多：锻炼后，人会更有创造力，更适合建立神经元通路。因为自然比我们更懂我们的身体，运动时身体会释放恰到好处的化学元素，比如内啡肽，它可以使人产生喜悦感，有规律运动的人都能感觉到。

大家都知道运动可以减轻体重，为什么呢？因为我们的基因决定我们的体重水平，如果我们锻炼，那么我们的体重刚刚好，如果不锻炼，我们就容易超重。不管你现在觉得自己是胖还是瘦，如果你不锻炼，那么你一定超过了自己的标准体重，只有锻炼起来才会恢复到身体的最佳状态。

锻炼还可以让免疫系统变得更强大，可以降低 50% 患心脏病的概率。在事业方面，运动也有同样的促进作用。一项来自芬兰的针对 5000 多对双胞胎的研究结果表明：在 15 年的时间里，运动多的人挣的钱也会更多，经常运动的人的收入比不运动的人高出 14%—17%。

当然，大家在开始运动的时候，也要小心过犹不及。过度训练与缺乏锻炼对身体的影响类似。我们要听从身体的感觉，慢慢开始运动，慢慢增加强度。运动后的恢复也很重要，如果你觉得肌肉酸痛，那就停下来。人运动的最高心率是用 220 减掉自己的年龄。如果您今年 40 岁,那么运动时的最高心率就是 180 次 / 分，达到 90% 的最高心率就要降低运动强度了，一般保持 70% 的最高心率就可以。

运动这么好，为什么大家不做呢？首先，大家对运动的重要性缺乏认识，相信大家听了今天这堂课之后，会认识到"不运动就像服用抑郁药"，对运动的重要性在心理上会有所改观。

运动的另一个障碍就是没时间和没办法坚持。人太忙的时候

DAY9 幸福行动法——运动与冥想

（比如要考试了）一般首先放弃运动的时间。其实运动是一种投资，有重大任务的时候，它反而可以帮助你提高注意力、创造力和耐力，尤其是考试期间，运动对你更有帮助。当你开始认识到运动的重要性，你就更愿意为运动留出时间。运动一定要形成规律，在每天同样的时间进行。另外运动最好能够与家人朋友一起进行，以便彼此支持、鼓励和督促对方。

曾有这样一项实验：让参与者参加一个为期 4 个月的项目，项目包括参与者行为改变、饮食改变和运动上的改变。参与者分为两种情况，一种是有他人支持的，就是与家人或朋友一起进行改变，另一种是无人支持的。

有他人支持的一组，95% 的人完成了这个项目，67% 的人把这个项目保持到了 6 个月以后。没有他人支持的一组，76% 的人完成了这个项目，只有 24% 的人持续进行到 6 个月。很明显，有他人支持的人，改变生活和运动方式成功的可能性大大地增加了。

古希腊名医希波克拉底曾说过："生命和健康的四大源泉就是阳光、空气、水和运动。"我们也常说生命在于运动，但我们是否真的意识到运动的重要性和必要性了呢？我几乎可以说，幸福革命的基础就是运动革命。一方面，有健康才有幸福生活的物质基础；另一方面，正如我上面提到的，运动本身就能为你带来幸福感。所以，动起来真的很重要。

另一个非常有效的身心疗法就是正念冥想。冥想就是保持专注一件事，其间保持深呼吸，像婴儿一样用腹部呼吸，需采用舒适的坐姿，将注意力集中在呼吸和当下。练习者学会让大脑平静下来，去除忧虑和产生压力的想法。久而久之，冥想会实实在在地改变大脑的结构（也就是我们之前讲到的神经可塑性），让人心态平和、注意力集中和工作效率提高，即便是身处困境和混乱中也不例外。

《庄子·刻意》中也写道："吹呴呼吸，吐故纳新，熊经鸟申，为寿而已矣。"意思就是深呼吸对长寿有好处。可见冥想、深呼吸自古就是中国人奉行的长寿养生之法。

威斯康星大学的理查德·戴维森（Richard Davidson）教授曾做过一个实验，他找来一些长期冥想的冥想者，然后研究他们的大脑左前额皮层和右前额皮层厚度的比例。因为快乐的人最活跃的地方通常是左前额皮层，不快乐的人最活跃的地方是右前额皮层，所以二者的厚度比例很重要，它是测量快乐的"客观"手段之一。在扫描仪下看到的大脑和我们对自己是否快乐的自我感受存在很大关联，这表明自我感受是很可靠的。他们发现，这些冥想者的大脑，左前额皮层比普通大众要厚得多。也就是说，冥想者的快乐程度更高，他们很容易产生积极情绪，对痛苦情绪的抵抗力更强。

DAY9 幸福行动法——运动与冥想

伍斯特大学的乔·卡巴金（Jon Kabat-Zinn）教授也曾做过类似的研究。他找来对冥想感兴趣的人，让他们分成两组，第一组每天抽 45 分钟的时间冥想，第二组暂时不做冥想。第一组开始每天 45 分钟冥想练习的人，在周末的时候会聚集在一起，学习一些冥想的技巧，但在工作日，他们都只是回到家里进行每天 45 分钟的冥想。

8 周后，将他们跟对照组对比，冥想 8 周的人焦虑程度大大降低。仅仅 8 周的时间里，他们变得更快乐了，心情也更好了。但关键还在后头——他说："这还不够，自我报告有可能产生安慰剂效应。"他研究了冥想组的左右前额皮层的厚度比例，仅仅 8 周后，这些冥想的人左右前额皮层的厚度比例有了显著的变化。这是一个很惊人的结果。

我们应该怎样练习冥想呢？首先，可以尝试身体扫描练习，试着了解我们的整个身体，在冷静状态下学习了解自己。注意你的呼吸，每次你的思绪飞到别的地方时，都要让自己回到呼吸上来。如果你开始走神，不要责备自己，直接重新关注自己的呼吸就好。大家可以跟我一起试一试，深吸气，继续深吸气。深呼气的时候尝试感知正在经历的不同的身体感觉。关注吸气时身体的扩张。现在呼气，要感知呼气时身体的收缩。

大家可以再尝试几次，深吸气……深呼气……感受通过鼻腔的吸气，从嘴巴出去的呼气，感受身体的其他部分。感受每次呼吸之前和之后周围的宁静。每当你的思绪想要占领高地，试着回到呼吸上来。找出身体紧张的部位，观察、接受吸入的那个部分，再呼出来。你会在每次呼吸中感受到，平静加深了，接受加深了，存在加深了，这时，你可以体验、感受这股轻松感——因接受带来的轻松，自然状态下的轻松。

当我们感到压力很大或者被痛苦的情绪包围时，我们通常的反应是：我要怎么解决它？但这种解决问题的思维其实针对心理问题会有反作用。冥想能够转变注意力。苦苦思索是问题的症结之一，不是解决方法。苦苦思索只会使问题恶化。我们要接受情绪，感知身体，这是治愈的开始。

如果你一开始做不到每天冥想45分钟，可以先从深呼吸开始。所有冥想的共同点就是把人的战斗或逃跑反应变成放松反应。其实改变反应只需要3个深呼吸。遇到事情的时候先做3个深呼吸，比如遇到红灯的时候就深呼吸。我以往遇到红灯时都会非常着急，尤其是车到的时候灯刚刚变红，心里想着，"又要等一整个红灯了！"就会莫名地焦虑。现在我把红灯看成一个机遇，可以在这个时间里连续深呼吸，其实多等一个红灯真的没什么大不了。

今天的作业跟昨天一样，就是学以致用，而且要马上用起来。

DAY9 幸福行动法——运动与冥想

不论是每天晨起跑步,还是在遇到红灯的时候做深呼吸,无论哪样你觉得自己可以做到就开始做起来。你可以约一个家人或者朋友陪你一起践行,也可以请他们监督你。无论用什么方法,只要动起来,你就能感受到自己的改变。幸福革命的基础就是运动革命。谁先动起来,谁就站在了这场人生最伟大的变革的制高点上,这是你送给自己的身体和心灵最好的礼物。希望大家都能从今天开始动起来。我们明天见!

DAY 10

幸福行动法——睡眠和触摸

今天我将继续给大家讲解"改变的行动"。与运动一样，投资少、回报高，但往往被大家忽视的一个有效的改变行动，就是睡眠。睡眠是生命的必需，所以人不能没有睡眠，而且每天缺少的睡眠若不补上，身体迟早会受到惩罚，正如欠债一定要还一样。

二战期间，由于劳动力缺乏，英国某些军工厂决定延长工人的工作时间，每周工作70小时。开始的1—2周，产品数量稳步增长；第3周后，随着产量的增加，废品率也随之上升，每小时生产的合格产品远远低于加班之前，于是，这些军工厂只能减少加班时间，直到每周工作54小时，产品的合格率才又达到峰值。由此可见，睡眠对人来说是多么的重要。

《2017中国青年睡眠指数白皮书》显示，对于76%的人群来说，睡个好觉是个难事，60%的人会牺牲睡眠时间来完成工作，能"一觉睡到天明"的人占比不到11.2%，33.7%的人会因为有压力而半夜醒来，有高达93.8%的人在睡前会与电子产品难舍难离，刷微博、看微信、玩游戏等。然而，电子产品带来的蓝光效应和神经兴奋作用，早已被证明对睡眠不利。

那么，我们到底需要多长时间的睡眠呢？睡眠因人而异，有些人需要7小时，有些人需要9小时，平均来讲是8小时。我们怎么才能知道自己睡眠的时间足够了呢？早上不上闹钟，自然醒，醒来之后感到睡好了，很精神，计算一下自己睡了几个小时，这对你来说就是最佳的睡眠时间。

抑郁症患者会不太一样，他们有时完全睡不着或者睡不醒，除了类似的特殊情况，我们都可以估算出自己需要的睡眠时间。有些人会说："好吧，对我来说要睡8小时，那可是一天的三分之一啊，太多了，我腾不出那么多时间。"但如果你把睡眠视作一种投资的话，你一定可以腾出那么多时间。就像一个商人去谈生意，这笔交易100万我负担不起，但是如果每年有20%的投资回报，5年回本，事情就不一样了。睡觉也是同样的道理，这些8小时的投资有很大的回报。许多研究都表明了睡觉的重要性。

8小时的睡眠可以显著增强身体的免疫系统功能。睡眠也会影响我们的体重。我们讲过运动对体重的影响，不运动时体重就

DAY10 幸福行动法——睡眠和触摸

会超出基准水平，超出天生的或者基因决定的我们的自然状态。这就是为什么越来越多不配合锻炼的节食减肥计划会失败的原因，对于睡眠也是同样的道理：缺乏睡眠会导致体重增加。想要减肥的朋友们，我这里有一条捷径，仅仅保证高质量又充足的睡眠就能有效地改善体重。

根据国家统计局发布的《中国统计年鉴》，近三年我国交通事故年均发生数量为23.19万次，年均死亡人数为63234人。而注意力不集中，疲劳和白天过度嗜睡导致的警觉下降、反应迟钝是许多交通事故的主要原因。认知功能——无论是创造力、生产力，还是记忆力，都会受损，这就是为什么睡眠是如此重要的投资。我们经常听人说，"我再熬两个小时，再做一张试卷"，然而实际上，如果你得到这额外两小时的睡眠的话，你第二天可以完成更多的学习任务，会把学习资料记得更清楚，也更有创造性。

我们经常能在婴儿身上学到很多，为什么？因为婴儿不压抑情绪，展现的是最真实的状态。婴儿没有得到充足的睡眠时会如何？他们会暴躁、哭泣、焦虑。我们都知道婴儿总是这一刻哭，下一刻笑，大家也都见怪不怪。可是作为成人，我们当然不会像婴儿那样随性，但这并不代表我们没有这些想哭想笑的情绪。我们很多时候是在压抑这些情绪。跟婴儿一样，当我们没有得到充足的睡眠时，我们脾气的导火索就变短了，也就更容易大发脾气、情绪失控甚至会导致抑郁——生理上的需要没有被满足会增加抑郁的可能性。

还有一个与睡眠相关的有趣现象。晚上睡觉的时候大脑会处理很多我们白天经历的事情，解决我们白天经历过的未解决的问题。这就是为什么当你带着一个数学问题入睡，有时会在早上醒来时得到解答。不单单是数学问题，人际关系问题、自己百思不得其解的事情都可能在睡眠中得到解决。通常来说，晚上做得比较早的梦都是比较不愉快的梦，睡眠后期做的梦更容易是愉快的梦。为什么？因为前期的梦是大脑解决问题的时间，有些是有意识的，有些则没有意识，解决了一些问题之后，梦就变得更为愉快了。

睡眠不足时，一夜的睡眠无法完成问题的解决，我们就会带着尚未解决的问题醒来。这个问题还在，不管你有没有意识到，问题还没解决，我们就要为此付出代价。随着时间积累，我们有许多未解决的问题，当它们被压抑或抑制的时候，我们就更有可能变得抑郁。所以我们需要充足的睡眠，不仅为了生理的需要，同样也为了心理的需要。

爱美的女士都喜欢谈论美容觉。这的确是有道理的。如果一个人24—36小时没睡过觉，你能看到他明显的黑眼圈，即使黑眼圈可以掩藏起来，你仍然可以看出一个人是否精神衰弱。睡觉

DAY10 幸福行动法——睡眠和触摸

不只是为了美容，它对人的智力也有影响。如果一个人24小时没睡觉，他的智商会降低。毫无疑问，睡觉能帮助你保持美丽，还能保持你的智力和幸福水平。无论从哪个层面上看，睡觉都是个好投资。

一天睡8小时，可以中午1小时，晚上7小时，你可以灵活调节。打盹、小睡都很有用，可以帮助我们快速恢复情绪和认知能力。晚上不要吃太多，太晚不要运动，这些都会导致失眠。但如果真的睡不着也不要强迫自己。因为往往越想睡越睡不着，就像粉色小象那个实验一样，越试着不去想，就越不自觉地想。

对睡眠做过很多研究的斯坦福大学教授威廉·迪蒙特（William Dement）说："剥夺睡眠对健康和幸福的影响已被研究证明，睡眠剥夺会使人的认知能力和生理机能受到损害，对情绪的影响则更甚。夜晚睡眠不足的人容易感觉不快乐，更紧张，身体虚弱。精神和身体上也愈发疲劳。充足的睡眠让我们感觉更快乐、更有精力和活力。"这些道理也许大家早已知道，泰勒·本-沙哈尔博士的"哈佛幸福课"就是要反复地重申这些道理，并通过实验和数据让大家明白这些浅显道理背后深厚的理论基础。这些研究结果希望可以帮助大家下定决心，投资每天8小时的睡眠。

像运动、睡眠是人的基本需要一样，触摸也是人本能的身体需要。触摸可以增强人的免疫力，可以帮助人更快地愈合伤口。

儿童如果经常受到触摸，会发育得更好，我们一会儿会谈到一些与触摸相关的"叹为观止"的研究：触摸关系到人的生理健康，也关系到精神健康。

精神失调、饮食失调等有时会与触摸缺乏有关。因缺乏触摸引起的抑郁和焦虑可以通过加强触摸得到改善。某医院发现，早产婴儿病房有一个区域的婴儿身体明显好得更快，在后续对这些婴儿的长期跟踪发现，他们都显示了更好的认知能力和生理发育水平。医院对此感到奇怪，最初他们猜测可能是因为空气或者是在医院的位置不同，因为其他所有条件都是一样的——他们吃一样的食物，接受一样的治疗。最后他们发现，有一个护士每天晚上都会走进病房，悄悄地抱起一个又一个早产的婴儿，而这是违反医院规定的（医院规定早产儿不能被人触摸，他们必须待在保育箱里）。她抱起婴儿轻轻地抚摸他，跟他讲话，然后把他放下，再走到下一个育儿箱，抱起下一个婴儿，继续温柔地轻抚他，再把他放下……她负责的病房区域所有的婴儿都被这样抱过一遍。

这件事衍生了一系列对婴儿触摸的重要性的研究，特别是对早产婴儿。于是蒂凡尼·菲尔兹（Tiffany Fields）做了这个研究，她让护士们每天为早产婴儿做 45 分钟按摩（非常轻的按摩）。研究结果表明，这些早产婴儿在医院里体重增加了 47%。出院一年后，他们的认知能力和肢体运动能力都比没有被触摸的早产儿有更好的发展。被触摸是人类本能的需求。

人们也做过与之相反的研究——触摸剥夺实验。著名的心理学家哈利·哈洛（Harry Harlow）以一群猴子为研究对象，他把这些猴子从它们的母亲身边带走，不给任何触摸，但其他需求都满足。他发现这些猴子的生长状况不如其他猴子，它们的认知发育受到了损害，并且表现出自闭症的行为。

不幸的是，类似的猴子实验也在人身上发生过。统治罗马尼亚时的齐奥塞斯库（Ceausescu），把政敌的15万个孩子从父母身边带走，送到收养所养育。虽然这些孩子的基本身体需求可以得到满足，比如有食物、水，还能洗澡，但他们没有得到足够的爱和关注。直到1989年，齐奥塞斯库政权在罗马尼亚革命中被推翻，这些孩子才被释放。心理学家在收容所里看到了悲剧性的结果：在身体成长方面，只有不到10%的孩子与同龄孩子的体型相当；在认知发展方面，他们的智力发展水平也相当迟滞，远远低于同龄人的平均智商，很多孩子都有自闭症倾向。心理学家研究发现，这些情况的出现均与触摸缺乏有关。心理学家维吉尼亚·萨提亚（Virginia Satir）说："我们每天需要4个拥抱才能存活，8个拥抱才能维持生命，12个拥抱才能成长。"

简·克里普曼（Jane Clipman）做过一项关于拥抱的研究。他将研究对象分为两组：第一组是拥抱组，一天至少做5个拥抱

（面对面、与不同的人拥抱）；第二组是对照组，组员要写出每天读了多少小时的书。4周后，对照组的幸福值基本不变，而拥抱组的幸福值显著提高。

所以今天的作业很简单，就是找到你身边的5个亲人或朋友，拥抱他们！拥抱是双赢的，就像快乐越分越多一样，拥抱别人的同时也被别人拥抱，幸福越分享越多。

这就是我们的幸福药方，非常简单：一周至少4次、每次至少30分钟的身体锻炼；每天10—15分钟的正念冥想，如果不方便，每天至少抽出时间做几个深呼吸；每天保证8小时的睡眠；每天至少做5个（最好12个）拥抱。这可能是你听说过的最简单、最行之有效的心理学药方了。它能让我们回到自然的健康状态，回到我们天生的或者基因决定的幸福水平。我们将在接下来的课程中为大家讲解如何提升幸福水平。我们明天见！

DAY 11
获得幸福的改变为什么这么难

我们在上几节课给大家介绍了很多从内部（也就是心理层面）到外部（也就是通过写日记、运动等）行为改变使自己变得更幸福的方法，但是怎样才能真正地把改变付诸行动并贯彻到底呢？不知道这些方法大家开始实践了没有？如果还没有开始也没关系，我们都知道改变并不简单。今天我会为大家讲解如何去改变。

改变的方法有两种：一种是渐进式，也就是性格改变；另一种是突变式，它快速轻易，但幸福感反而会下降。第一种渐进式的改变要花时间，像大卫雕像一样，一点一点地把不好的部分去掉。第二种突变式的改变好像用大锤开山劈石，重点不是突然改变，而是要将变化持续下去。改变没有灵丹妙药，也不能一蹴而就。

即便我们举起大锤，也要做很多准备。

改变为什么这么难？这可能跟我们潜意识中不想改变有关。20世纪80年代曾经有一个关于人为什么难以改变的研究。这个实验找来一些学生，然后问这些人想不想要摆脱自己性格中的某个方面，比如古板，或者轻信别人等。第一阶段的实验一共设置了两个问题：一是想不想改变，二是能不能改变。

然后实验进入第二个阶段，就是让这些人去评估正面性格，例如"言行一致""值得依赖""严肃认真"等，对自己来说是不是很重要。结果，所有给这些正面性格打高分的人，比较不容易改变自己的负面性格。就是说，我不喜欢自己那么古板，但与此同时，"言行一致"在我看来是非常重要的品格，我反而不容易去改变自己古板的性格。因为在我的意识里，它们是互相关联的。虽然我不想古板下去了，但是我潜意识里有个小人儿却在说：想要言行一致，那就别摆脱古板。

人的潜意识里可能不想改变密切关联的那些特性。比如我一直想要改变我的完美主义，可是在我的潜意识里与完美主义相对应的是什么？是雄心。而这正是我最看重的品质。我的潜意识阻止我放弃完美主义。担忧、焦虑有时候相对应的是重视和责任感。我们的潜意识为了保住我们认为重要的性格特质，就会让我们不去改变我们想摆脱的性格特质。

DAY11 获得幸福的改变为什么这么难

我以前很难拒绝别人，简单的一个"不"字我说不出口，因为我希望别人眼中的我是有同情心的、善解人意的。其实，我也可以善意地对别人说"不"，这并不伤害别人。当我对别人说"好"，但是对自己说"不"的时候，长此以往，也会伤害彼此之间的关系，并让自己有罪恶感。

在知道了自己为什么不想改变的潜意识原因之后，就可以有意识地改变自己的认知。同情心和善解人意，与善意地对别人说"不"并不矛盾。当认知改变了，行为就可以慢慢改变。

快乐有三个要素：遗传、外部环境和意向活动。我们上一节课讲过，通过运动、冥想、触摸和充足的睡眠等可以帮助我们恢复遗传决定的快乐水平。可是如果我出生的时候没有含着"快乐的小汤勺"，那么我的遗传基因不好怎么办？

事实上，外部环境对幸福的影响并不大，也就是说你的居住地、收入、房子的大小等对你幸福与否并没有想象中的那么重要。意向活动包括我们的所做所想，我们对事物和世界的诠释。我们的关注点才是变化的根源。前几节课我讲到的冥想、运动、感恩行动和写日记等，都是非常好的把快乐因素增加到峰值的有效办法。

我给大家举一个经典实验案例。一对双胞胎在父母的抚养下长大。他们的父亲经常酗酒、吸毒，对妻子和孩子都非常暴力。

两个孩子在这样的家庭氛围中度过了极为可怕的童年。然后他们长大，离开家，有了自己的家庭。他们三十岁的时候，进行实验的心理学家又来拜访他们。心理学家看到，第一个孩子结婚了，也像爸爸一样虐待家人，经常酗酒和吸毒。等他难得清醒时，心理学家问他："你怎么了，为什么这样？"他知道这个心理学家在做关于基因的作用以及成长环境作用的研究，就回答说："你认识我的父亲，你知道我经历了怎样的童年，你还想让我怎么样呢？"

　　心理学家去找了双胞胎中的另一个。走进他的家，心理学家简直不敢相信自己的眼睛，这个家如此和谐、宁静，是一个充满爱的家。他事业有成、家庭美满。心理学家过了一段时间之后又去找他，因为他想这可能只是个巧合，也许他是装出来的。但不是，这是真的。心理学家问他原因，这个双胞胎也知道心理学家的研究内容，就说："你知道我父亲，你知道我是怎么长大的，我怎么可以让我的妻子和孩子承受我母亲和我承受过的痛苦。"

　　这对双胞胎对生活有不同的诠释和不同的关注点：一个是受害者心态，另一个是主动创造者；一个把地狱般的生活延续了下来，另一个把生活变成了天堂。

　　这个实验非常重要，请大家跟我仔细思考一下。同卵双胞胎的基因相同，他们从小到大的成长环境也相同，也就是说他们兄弟二人大部分的幸福因素都相同，但为什么他们过上了截然不同的生活？原因在于对世界和事物的不同诠释上。我们无法改变自己的基因，也很难改变外部环境，但是我们可以改变我们的所思所想。

快乐三要素中的最后一项，也就是掌握在我们每个人手中的意向部分，可以让一个人靠着对事物和世界的诠释完全翻盘。这样让我们每一个人，无论现在处在人生的什么境遇都可以明白一个道理：要学会重建认知。比如在经济不景气、失业率增加时，的确让人很焦虑，但我们可以试着把它当成挑战，把挑战变成机遇。

要想改变，首先要设定目标，这是很重要且必须的，是成功和幸福的开始。尼采说："只要我们有目标，一切皆有可能。"因为目标可以帮助我们专注。目标就是相信我们会完成某种结果，并学会以未来为导向去生活。古语有云："求上而得中，求中而得下，求下而一无所得。"可见目标很重要。

再打一个比方，在旅行途中遇到一面又高又长的墙该怎么办呢？我可以先把背包扔过墙，这样就会别无选择，只好想办法过去。这个时候摆在我面前的问题变成了"我要怎么过去"，而不是考虑"我要不要过去"。就像罗杰·班尼斯特在最好成绩只有4分12秒的时候就公开宣布自己要打破人类4分钟的跑步极限一样，设定目标让我们可以置之死地而后生。这是因为我们的大脑非常不喜欢内外的不一致，于是会让人努力实现自己的愿望，获得内外的统一。

语言可以在我们的脑海里创造出一幅画面，而我们却没有意识到。我们的目标可以帮助我们整合外部资源和内部资源，发现之前没看到、没想到的东西，这类似于我们之前学过的吸引力法则。

目标是一种手段。拥有目标让人幸福，但是达成目标往往只能带来短暂的幸福。这也解释了为什么有很多成功人士不觉得幸福。虽然他们经过多年不断努力，终于成为一个成功的人，有名声、有地位、有金钱，但是他们为什么会觉得不幸福？他们多年来一直把幸福的希望寄托在有朝一日功成名就上。他们可能一直活得很累、很不开心，但是因为他们心怀希望，所以可以激励自己一直努力。当他们终于成功了，才意识到成功不是让他们获得幸福的"自动挡"。他们变得无助，甚至开始怀疑人生，不再对生活抱有任何希望，直到放弃追求，纵情声色，在酒精中麻醉自己，走上一条不归路。他们不懂得幸福不仅需要以未来为导向，而且更要享受当下。

设定目标，做对你有意义的事情很重要。"热情 + 兴趣 + 有意义"才能让你全身心投入。但更重要的是享受过程。有些人虽然事业成功，但他们做的事情是自己不感兴趣的，他们并不享受

DAY11 获得幸福的改变为什么这么难

过程，因而也就无法长时间地享受成功带来的喜悦。

自我和谐目标、整体性的目标、追求自己在意的事会让我们更快乐；解决内心冲突，解决疑惑、焦虑，解决我们有关生存的问题——当我们沉浸于自我和谐目标时，就会更有动力。能全身心地投入，从长远看来，能增加成功的可能性。我们每个人都要认真地思考：自己能做的事有哪些？自己想做的事有哪些？然后整理出来自己最想做哪些事，最后找到最想做的事，开始做。

世界上有两种人——行动型的和不行动型的。行动型的人，愿意承担风险，愿意尝试新的方法。态度影响行为，同时行为也影响态度，这是态度、行为的一致性原理，因为我们之前讲过，大脑不喜欢内在和外在不一致。习惯是一种行为模式，行动比语言更有力量。除非你的行动改变，否则你的态度（哪怕你上完课之后大受鼓舞）也会因为不行动而被拉回到和你的行动一样的地方——你上课之前的样子。所有的课程和自助书籍都只能帮助改变你的态度。但是如果你不行动，不去写感恩日记，不开始运动，那么就不会有什么效果。

今天的作业就是：如果你还没有开始改变，那么今天就是你的机会，无论是开始写感恩日记，还是简单地记日记，记下今天发生的不开心的事情，并请学着换个角度去看待发生的事情，可以从"你从中学到了什么""自己今后如何避免这样的事情再发生"等角度去分析发生了的事情。也可以制定一个适合自己的健身计划,开始健身。别忘了有规律的健身是最好的抗抑郁药。无论是什么改变,从今天开始,你的人生会变得不同。我们明天见!

DAY 12
如何炼成获得幸福的习惯

上一节课我们讲到了在认知改变的基础上只有行动起来才能真正使人改变，今天我们要从另一个角度来看看行动的力量。

首先让我们来看一下脸部回馈假说。如果你现在皱眉或者轻轻微笑，你体内的化学物质会相应地发生变化，跟你的表情相吻合。哪怕我们假装高兴，我们的情绪也会因此而改变。不信你现在可以试着想一些好笑的事情，一直笑，继续笑，是不是越笑越想笑？脸部回馈假说与自我实现预言是相连的。

同样，身体行为也有身体回馈假说。你是坐直的，还是懒懒地坐着，都同样影响你的自我认识。友好而有力地握手，还是软绵绵地握手，也是我们通过身体传递的一种信息，既给自己也给别人。

黑默勒（Haemmerlie）和蒙哥马利（Montgomery）曾经做过一个关于身体回馈假说的实验。他们招募了一些害羞内向的男士来进行实验，告诉他们要做一个特定的测试。当他们到达实验大楼时，被告知："很抱歉，我们的进度落后了，所以得请你们稍等。"同时在等候室里，有很多人也在等候做相同的测试。

这时候等候室里来了一位女士。这些男士并不知道她其实是"共谋者"——研究的一部分。他们以为这位女士和他们一样是在等候测试的。于是这些内向的男士和这位女士一起坐了12分钟，那位女士的任务就是与这些内向的男士发起对话，并对他们所说的任何事情都表现出极大的兴趣，于是他们互相倾听，互相提问。

在12分钟里他们谈笑风生，然后，那位女士假装进去做男士们以为的测试。另一位女士再进来，又是12分钟，她也和这些内向的男士们坐在一起，表现出极大的兴趣，对他们说的话发笑，向他们提问，诸如此类，聊了12分钟，之后她也进去做"测试"，下一位女士又进来，以此类推，一共六次。六位女士坐在这些内向的男士们身边，对他们所说的话表现出极大的兴趣，互相提问、对话，一共持续72分钟，然后再进行所谓的真正的实验。

第二天，这些男士们又被邀请参加同样的实验，再把完全一样的流程走一遍。72分钟里，他们和六位女士先后坐在一起，女士们对他们的谈话内容都表现出极大的兴趣。这个实验要研究

DAY12 如何炼成获得幸福的习惯

的就是，这种行为对于男士们的性格改变会有什么效果？

在接下来的半年时间里，跟踪调查发现，这些内向害羞的男士们突然变得不那么紧张了，尤其是在女人旁边时，他们没有那么害羞了。这些男士很多都是人生第一次开始谈恋爱，开始约会，在那144分钟的干预之后，他们与人相处的能力发生了天翻地覆的变化。

6个月后，这些男士被请回来，告诉他们这只是一个研究，告诉他们实验的结果，以及那些和他们攀谈的女士只是实验的一部分，她们就是要做出对任何话题都很感兴趣的样子而已。听起来有点残酷，但是令实验者没想到的是，知道真相后这些男士并没有受到什么影响。因为他们已经变得外向多了，而且已经习惯跟异性愉快地相处了。

这真的很神奇，不是吗？144分钟改变了他们的人生。"假装"直到他们变成现实。这一结果再次证明了自我效能的有效性。自我效能用于衡量个体本身对完成任务和达成目标能力的信念程度或强度。个体的自我效能感在其完成目标、任务和挑战时扮演着重要的角色。

没有比成功本身更好的催化剂。这些害羞的男士成功了，他们可以和女性愉快地交谈，他们也看到自己做得很好，他们对自我的认知、感知进入并保持良性循环。他们的自我效能提高了。

这就是为什么要不断"假装"直到成真，因为成功感有助于提高自我效能。

这种方法也可以应用到我们的生活中，尤其是用在我们的孩子身上。孩子有很大的可塑性，首先发现孩子在某方面的问题，比如胆小，然后帮助他创造被认可、被鼓励的情境，利用人为干预来帮助孩子树立自信。

我们听课的时候，无论有怎样的闪光火花，直到我们付诸行动之前，都对我们没有什么实质性的帮助。因为我们要首先塑造习惯，然后习惯再反过来塑造我们。这个实验的结论告诉我们，成功是最好的催化剂，当人们看到自己成功时，他们会做得更好，即使成功是假的。我们在自己的舒适区的时候，往往很难有任何改变，我们要跳出舒适区，就到了拉伸区。

就像那些害羞的男士一样，可以试着愉快地与女士攀谈，虽然有点紧张，但就像拉伸一样，每天拉伸一点点，久而久之就形成一种健康的方式。当然也要避免进入恐慌区，对于这些天生害羞的男士来说，比如当众表白喜欢的女生，这也会引发他们的焦虑。一旦被当众拒绝，很可能情况会变得难以控制，甚至会出危险。所以改变一定要跳出舒适区，但也要循序渐进。

很多人认为自己不能改变是因为缺少自律。真的是这样吗？20世纪最卓越的社会心理学家之一罗伊·鲍迈斯特（Roy

DAY12 如何炼成获得幸福的习惯

Baumeister）曾经做过一个关于自律的实验。他先把一组人带到实验等待区，告诉他们需要在这个房间等待实验开始。在他们的座位旁边有一张桌子，桌上放了一盘刚烤好的巧克力饼干，芳香扑鼻。实验者特意说明，这些巧克力饼干是为下一个实验准备的，所以请不要动它。于是，他们坐在那里，虽然非常渴望尝尝那盘饼干，但就是不能碰它。

10分钟后，实验者回来了，把他们带进实验室，并且告诉他们：这个实验非常难，大多数人都无法通过这个测试，想要完成实验需要大量的坚持和努力，我们想要测评的就是，在放弃测试前，你坚持了多久。

第二组随机挑选的人进入同样的房间，坐在同样的地方，旁边桌上放着相同的盘子，但是里面装的不是巧克力饼干，而是刚刚烤好的甜菜根，实验者也同样嘱咐他们，不要碰那些甜菜根，因为那是为下一个试验准备的。测试的流程跟之前的那个一模一样，要看看在放弃测试前他们能坚持多久。

我们自己想一下，哪一组能坚持得久一些？巧克力饼干组？还是甜菜根组？两组中有一组显著地坚持得更久，而且不是细微的差别，那就是甜菜根组。这是因为人的自律是有限的，我们几乎无法得到更大的自律，巧克力饼干组在等待实验的时间里为了不去吃巧克力饼干已经用掉了大量的自律，而在真正做实验时就没有太多的自律可以使他们坚持完成艰难的测试了。

　　这就解释了为什么我们的新年计划不容易做到，因为它需要自律。而你们有没有想过，为什么你每天早上刷牙并不需要太多自律。我们知道刷牙很重要，我们也知道运动很重要，为什么我们能坚持刷牙，但是不能坚持运动？那是因为刷牙已经是我们的习惯，对我们来说就是例行公事，所以需要较少的自律。建立例行公事需要大量的自律，而保持例行公事则需要较少的自律。那么我们要怎样建立例行公事呢？

　　建立例行公事需要定义精确的行为，并在特定的时间去执行它们，以深深扎根的价值观为动力。当我学习了"哈佛幸福课"，明白运动的重要性，我就下定决心要开始运动。刚开始和女儿一起晨跑时，我发现我们不仅可以一起运动，而且早上跑步的时间也是一段难得的母女相处时间，我们可以聊聊昨天发生的有趣的事情，聊聊今天的计划。时间很快就过去了，跑步也不觉得很累，每天7：30—8：00的晨跑变成了我们生活中不可或缺的一部分。偶尔不跑步反而觉得浑身不对劲，就像缺少了点什么似的。当晨跑变成了例行公事，坚持晨跑也就变得不那么难了。

　　相反，我们也经常例行公事地做一些不重要的事情，比如不停地查看手机，查看微信。人们每天沉迷于手机的平均时间约为3小时，其实我觉得大部分人看手机的时间比3小时还多。手机

DAY12 如何炼成获得幸福的习惯

的确给我们带来了诸多便利，但也会产生副作用。当我们经常性地和手机相连时，我们会与生活中真正重要的事情脱节。长期沉迷于手机可能会增加孤独感，出现语言交流障碍和其他心理问题。一旦开始形成习惯，我们的脑回路也会转变，让我们不知不觉地不停地查看手机。

英国有项调查发现，如今人们平均每 6.5 分钟就要看一眼手机，按照一天清醒时间为 16 个小时计算，那么每天大概要看 150 次手机！不知道你一天看多少次手机，花多少时间在手机等电子设备上。

建立良好的习惯非常重要，因为你不去建立良好的习惯，你的时间和生命就会不知不觉地被不良习惯占据。你能否建立好的习惯可以影响甚至改变你的人生轨迹。

今天的作业就是：要建立一个良好的习惯，或者改掉一个不良的习惯。在意识到自己每天花了太长时间查看微信时，我首先把微信的朋友圈关闭。是的，微信有这样的功能。关闭朋友圈，但是可以保留朋友间的私信。我也把微信里与工作不相关的群聊删除了。三年过去了，关闭朋友圈和删除群聊对我的生活没有丝毫的影响，我甚至忘记了微信有朋友圈的功能。你每天花多少时间看微信朋友圈呢？看微信能让你觉得更幸福吗？如果不能，那么我邀请你今天就下定决心改这个习惯，建立一个好习惯，你可以做到的。现在就行动吧！我们明天见！

DAY 13
如何找到真我幸福

在上一节的课程中，我们讲到了脸部回馈假说和身体回馈假说，还讲到了建立例行公事需要大量的自律，而保持例行公事则需要较少的自律。我们在前几节课为大家介绍了很多简单又见效的方法，只要开始践行，相信大家一定会看到改变。不知道你开始践行了吗？

新冠疫情期间我的部分工作被迫搁置不能正常进行，但我很快就发现放慢的生活对我来说并不是一件坏事。平时只有碎片化时间的我，现在可以有大段的时间去做自己喜欢的事情。比如读书，那段时间我看了《百年孤独》《素书》，还有我一直想看却没有时间看的《史记》，很高兴终于看完了。

大家从我休闲时间喜爱读的书籍类型也许能看出来，我非常喜欢历史，无论正史还是历史小说我都喜欢。中国是有几千年不间断历史记录的国家，历史学在我国具有悠久的传统和深厚的基础，从甲骨文、金文，到我国第一部编年体史书《春秋》，再到几乎涵盖了所有中国古代正史的二十四史，如此连续未中断的历史记载在全世界是独一无二的。

"读史可以使人明智，鉴以往可以知未来。"为什么我在有大段时间的时候会最先选择看历史方面的书籍呢？因为热爱学习和保持开放性、好奇心是我的核心性格。探究历史满足了我的好奇心，历史能够给人智慧，反思历史的过程能帮助我们认识社会、认识自我、预见未来。

今天我要带大家回到一切问题的本源，就是我们自己。先了解自己才能更好地改变自己。美国心理学之父威廉·詹姆斯（William James）曾经说过："我时常觉得，定义一个人性格的最好办法，就是寻找特定的心理或道德态度，当它出现时，他觉得自己最为积极和活跃。这个时刻，他的内心有一个声音说，'这是真实的我'。"

什么时候是真实的自我呢？是在公司工作的时候？在学校学习的时候？你勇敢的时候？你帮助别人的时候？你创作的时候？你全心全意地投入一件事的时候？还是惩恶扬善主持正义的时候？是认认真真地规划自己人生的时候？还是学习到新知识的

时候？

用最真实的自己，寻找自己的人格力量。真我来自人性本能。由于遗传基因和早期经历，每个人都有自己特定偏向的人格力量。当我们利用自己的人格力量的时候，就是我们自我成长最快的时候，也是最快乐的时候。这就是为什么我读历史方面的书籍时最快乐，因为探索未知领域是我的人性本能，是我核心的人格力量之一。

我们要怎样找到自己的人格力量呢？行动价值协会的性格力量手册是由彼得森（Peterson）和塞利格曼（Seligman）提出的，主张通过鉴别人的美德、力量与长处，并利用这些人格力量来获得积极的心态、实现自我和谐的奋斗旅程。人格力量手册定义了6种核心美德和24种人格力量。6种核心美德包括：智慧和知识、勇气、人道主义、公正、节制、卓越。

当你完成了24种人格力量测试后，可以再做两个练习。每个人都有24种人格力量，这些人格力量没有好坏之分。第一个练习就是从自己的前5种人格力量中挑选出一种，在接下来的7天中，每天晚上写下自己是如何运用这种人格力量的，然后规划第二天自己应该做什么，这样可以不断培养和增强它。

我们的练习不单能帮助我们从有到精，还可以帮助我们从无到有。怎么做到的呢？从有到精，是通过不断培养的直接作用。

从无到有是间接力量,通过建立人格力量来帮助我们面对消极情绪,面对困难,面对可能出现的逆境。

我们的第一个练习是找出前 8—12 种人格力量,这些是你有待发展的人格力量,选择其中一个,一周内应用此人格力量,下一周换另一种人格力量。每晚回顾并规划,写出你怎样应用你的人格力量,然后用它规划你的第二天,不断地重复,可以加强自己的神经通路。

第二个练习就是找出一个现在需要解决的问题,工作上的、学习上的、个人生活中的、情感上的任何一个问题都可以,然后问自己可以用哪几种优势人格力量来解决这个问题。举一个例子,疫情期间我的工作受到影响,很多事情不得不停滞下来。起初,我也变得比较沮丧和焦虑,但是热爱学习是我核心的人格力量,所以我把空闲的时间用在读书上,学习新的知识使我变得更快乐。因为人格力量的涓滴效应,读书很快使我从工作受影响的消极心态中走出来,重新找到了活力。

当你明白自己的优势人格力量之后,不妨来思考一下,自己现在从事的职业是否发挥了自己的优势。我先来介绍一下人们对工作的理解吧。人们对工作的态度大概可以分为三类,我们从工作的动力、对工作的期待这两个方面来看一下这三类人。

第一类人:工作就是工作。工作的动力是每个月发的工资。

工作是一堆琐事，是不得不做的事情，别无选择。所有的期待就是每天下班、周末和其他长假。

第二类人：把工作当成职业。工作的动力是追求薪酬待遇的提高和职务的晋升，工作就是不停地赛跑、比赛，职场就是一个争强好胜者的舞台，人要不断地拼，一直拼到最高点。对工作的期待就是获取更多的金钱、权利和成就。

第三类人：把工作看成一种使命。工作的动力来自工作本身，工作是自我和谐的奋斗过程。这类人喜欢工作胜过其他任何事情，希望通过自己的工作让这个世界变得更美好。对工作的期待就是可以沉浸在自己的使命中，成就自我，成为自己想成为的那个人。而这部分人所从事的职业大多正好发挥了自己的性格优势。

我们很多时候都没有花时间思考这个问题：自己在为什么而工作？最好的工作是要听从你的内心。当追求自己的梦想，发挥自身优势，自我和谐时，才算真正生活过。

当然，第三类人也并不会时时刻刻都感到命运的召唤。比方说，我的先生曾经是一位外科医生，他把行医济世作为自己的使命，也帮助了很多人，但这并不意味着他做医生的时候每时每刻都会很快乐。有时他经常半夜起来处理急诊，还要每天 5:30 起床，赶到医院开晨会。我看他虽然也有情绪低落的时候，但很快就会振作起精神克服这些难题。整体来看，我先生的职业和他的自我是和谐的。他喜欢帮助别人，虽然经常得半夜起床，但为了救死扶伤，他可以接受。

当我自己静下心来思考时，也不得不承认，我之前的工作状态属于第二类——把工作当成职业。我对工作的期待就是升职加薪。幸运的是，我的工作使我有机会周游世界，在9个不同的国家工作过，大大地满足了我的好奇心和探索欲。这是我的性格特点，即使工作很繁忙，我还是很快乐的。

我的很多同学都在投资银行工作。他们中的一些人一心只为了"挣很多的钱，买更大的房子、更好的车子，送孩子们去更好的学校"。对舒适物质生活的追求无可厚非，但是如果他们只能看到这些，其实并不会找到快乐，很多银行家到最后都筋疲力尽。

可是，如果你的性格优势是社会责任感强，你作为一个投资银行家，除了赚钱，你发现自己可以创造就业机会，帮助到很多非营利性组织的运营，那么你会看到积极的一面，找到工作的价值和银行家的使命，这样你不但可以找到工作的使命感，而且能让自己过上更好的生活。

无论你是一个医生、清洁工、银行家，还是教师、程序员，都可以将自己的工作理解为"仅仅是工作"，或者是职业，或者是一种使命。如何诠释，选择权在你自己手中。

希望今天的课程可以帮助你更好地了解自己，找到自己的优势人格力量。因为找到真我的人更容易获得幸福。当我们了解了自己以后，不要停滞不前，要为自己设立一个自我和谐的长期目标。我们可以把长期目标分割成中期目标和短期目标，并基于短期目标制定计划，培养能够完成短期目标的好习惯。将大目标细化，一步一步来，看到过程，就更容易成功。

我给大家介绍三个帮助我们实现目标的小方法。第一，一定要写下来。有研究表明，与说出自己的目标相比，写下来是一种更有效的方法，写下来就是一种承诺。第二，要制定期限，即希望在哪一天完成目标。第三，要将目标具体化。比如：如果你仅仅写下"我要努力工作"，就不如写下"在2023年12月31日前使销售量增加20%"，这样写更有可能帮助你实现自己想好好工作的目标。

正是因为我先生的社会责任感，我的好奇心和洞察力，以及我们两个人共同的对学习的热爱，才让我们可以把"哈佛幸福课"这门非常有价值的课程，以一个全新的视角和适合中国人的方式为大家展示出来。这样做既发挥了我们两个人的优势人格力量，又听从了我们的内心。

得到泰勒·本-沙哈尔教授的信任与邀请，我翻译了他历时10年精耕细作的"幸福导师"认证课程并将其带到华裔群体中。这是全球唯一一门把幸福学作为研究学科的课程，在心理学和哲学的基础上引入生物学、经济学、历史、文学、艺术等学科，以知识矩阵的方式深度探讨幸福，这也是泰勒教授数十年的教育经验和研究成果的智慧结晶。

我们定下了一个目标：在 2023 年 12 月 31 日之前把泰勒教授的课程在线上推广，并要惠及至少 100 万人。我们希望通过我们的努力能够帮助更多的人找到幸福，让这个世界变得更美好。

当我所做的事情和自我和谐时，就好像感到了命运的召唤。做一件对自己和对他人都有意义的事情，让我感到自己真正活着。

今天的作业就是：在网上完成人格力量测试，并静下心来思考一下自己的工作到底是三种状态中的哪一种，是工作？是职业？还是使命？你的工作是不是发挥了自己的优势人格力量。结合自己的优势，为自己定下一个具体的目标，然后开始实践。我们明天见！

DAY 14

应对压力的法宝是什么

今天的课程，我们要一起探讨一个大家都很关心的问题——压力。压力已经成为全球性"传染病"，也是焦虑和抑郁的主要诱因之一。中国科学院心理研究所的一项研究表明，20 岁至 30 岁的人群精神压力最大，居各年龄段压力之首。

世界卫生组织的调查也曾指出，1/4 的中国大学生承认有过抑郁症状。学业、人际、恋爱、家庭以及就业压力是大学生患抑郁症的诱发因素。现在的学生要在更短的时间里做更多的事情，这导致了学生们的压力普遍更大了。

近几年招聘员工的时候，我看到一些年轻人的简历，越来越让我刮目相看。相比于我上学的年代，现在的年轻人做的事情实在是太多。他们参加了太多的社团，做了太多社会公益活动和实习项目，有太多的兴趣爱好，这些当然都很好。但是当学业、爱好和工作等所有这一切都叠加起来的时候，很多学生都得了一种病——"太忙病"。它的代价就是让人紧张不安，更可能导致抑郁症。

那么是不是压力都是有害的呢？哈佛大学的埃伦·兰格（Ellen Langer）教授做过一个实验，她去了一所养老院，将老人们随机分为两组。第一组老人的所有需要都能得到满足，吃的、用的，在任何需要别人帮助的事情上也都能得到满足，无须自己动手。在很大程度上来说，这是很多人梦想的养老院：饭来张口、衣来伸手。而第二组就没有这么好的待遇了，他们需要自己动手，比如他们必须自己做饭，自己浇花，自己规划每天要做的事——自己动手，丰衣足食。

埃伦·兰格创造了这两种不同的情境，然后一年半后再回来。一年半后，第二组，即自己照顾自己的那一组，跟第一组比起来，他们没那么沮丧，反倒更快乐、更有活力、更独立、更健康。最关键的是，一年半后，第二组老人健在的比例比第一组高出一倍。

这两组的区别就在于第二组有选择的权利，可以自己安排自己的生活，他们能做自己想做的事，而不是衣来伸手、饭来张口。这让我们明白，有时候过于轻松不一定是好事。不劳而获的警示没有错，但我认为可以改为"愉悦劳作则有更多收获"，这或许

DAY14 应对压力的法宝是什么

更能激励人们过上更幸福的生活。

这个实验也证明了生活中的压力本身不是问题，有一点压力是好事。在医院工作过的人都知道，我们生活的这个世界有各种各样的生物存在，每种生物都在正常的生物链上生存，如果滥用消毒药物，人为地把这种正常的生物链打破，这对人的生存环境反而是不利的。

有些家长过分保护自己的孩子，让孩子长期生活在"干净"的无菌环境中，把孩子的餐具、玩具、衣服彻底洗刷消毒干净。这些孩子一出门也许更容易生病，因为他们身体里的免疫系统不够强大。人体的免疫系统会在接触细菌等病原微生物的过程中，逐步形成抗体和免疫记忆。如果孩子一直处于过于洁净的环境中，免疫系统会受到抑制，一接触未受保护的自然环境就更难适应，更容易生病。

身体的免疫系统如此，心理的免疫系统也是一样。适当的压力可以增强心理免疫系统。我们去健身房举重，对肌肉施加压力，每天坚持，一年以后肌肉变得发达，这时压力是件好事。问题在哪里呢？练习举重，一分钟后再练习举重，下一分钟后再练习举重，如此不停地练，肌肉就容易受伤，这是因为肌肉没有得到足够的休息，而不是因为压力。压力无处不在，我们要问的问题是：面对这么大的压力，那些过着快乐生活的人是怎么做到的呢？

那些能够成功面对压力的人都有两个特点。一是"例行公事"，也就是养成习惯让那些必须要做的事情程序化。每天早上刷牙不会耗费人的自律，也不会带给人焦虑。这也是前面讨论过的。二是不仅养成工作的好习惯，也养成恢复的好习惯。研究发现，我们一直以来认为"压力是坏事"的观点是错的，压力不会伤害人，相反适当的压力会培养人的耐受力，对我们是有好处的。

就像我刚刚举的健身的例子，举重对肌肉有压力。循序渐进地练习对肌肉生长有好处，但过度练习则会产生伤害。工作的压力也一样，问题不在于压力，而在于不休息或缺少休息的时间。那些既成功又快乐的人同样会感到压力，但是他们非常注重恢复。运动员在大赛前都要休息，要有调整期。生理层面的受伤是肌肉拉伤，心理层面的受伤就是焦虑、抑郁。

托尼·施瓦茨（Tony Schwartz）在《精力管理》一书中写道："我们需要改变对生活的理解，把自己从马拉松运动员变成短跑健将。从疲惫地跑、继续疲惫地跑、不停疲惫地跑中解放出来，改变为全力短跑、恢复、再全力短跑、再恢复的良性循环模式。"

《精力管理》一书中有这样一个建议：不看手机，不回邮件，全身心地、高效率地学习或工作 90 分钟后，全身心地休息 15 分钟，再进行下一个 90 分钟的冲刺，然后全身心地休息 15 分钟。每个人可以高效率冲刺的时间段不同，从 60 分钟到 120 分钟不等，平均下来是 90 分钟。15 分钟的休息时间可以听音乐、冥想、运动、吃些有益健康的水果或坚果等。休息的时候不要看手机，或者开电话会议，这只会让你更焦虑，你要学会专注地休息。有时候一天工作 6 小时，也就是 4 个专注的 90 分钟，比工作 10 小时效率更高。

讲到这里，让我想到了我非常喜爱的《三国演义》中的两位代表人物诸葛亮和司马懿，现在我们用现代人的眼光，从"精力管理"这一角度看看"恢复"对人的长远影响。

众所周知，诸葛亮日理万机、废寝忘食，上至治国理政，下到百姓桑麻种植，无不亲力亲为，几乎没有自我身体恢复休息的时间，终因积劳成疾、心血耗尽，于 53 岁时死在五丈原的战壕前。而司马懿则让自己的两个儿子司马昭和司马师跟随左右，不少军政事务交给儿子们去执行。他一生隐忍，深谙以退为进的智慧。比如，当他遇到嚣张跋扈的同僚曹爽时，就选择避其锋芒，告病还乡，从而使自我身心的健康得到更好的关照。

虽然在我们的传统文化中，我们都非常推崇"鞠躬尽瘁、死而后已"的能臣贤士，我个人也非常喜爱并敬佩怀有经世之才又忠肝义胆、智斗八方的千古贤相诸葛亮，但历史让我们看到，有时真正的赢家反而是那些懂得隐忍、韬光养晦、自我恢复身心的人。与诸葛亮争斗一生的司马懿，更懂得保存实力、元气，懂得细水长流、以退为进。在当时的大环境下司马懿能活到72岁高龄实属不易。在那段群雄争霸，英雄辈出，魏蜀吴三足鼎立，数十载龙虎相争的峥嵘岁月里，司马懿改写了历史，成了最后坐收渔利之人。

先不论其人格品性、是非功过，我们都可以学习司马懿"退一步"不行就"再退一步"的韬光养晦、蓄势待发的智慧。我们每个人都需要在适当的时候让自己放慢脚步，兼听内视，谋定而后动，才能无往而不利。

因为自己创业，我在很长的时间里也是一个"007"工作制的人，也就是每天从0点到0点，一周7天不休息，随时有工作随时做，不懂得劳逸结合，直到自己的身体出现状况才意识到这样不行。要保持状态良好的工作或学习，需要不同程度的恢复。人必须要休息和放松。有的时候走慢一点是为了走得更长远。

第一层级的恢复可以是15分钟的运动、听音乐等。第二层级是睡一个好觉，每周休息一天——连上帝造世界都会休息一天，我们更需要休息。最后一个层级是假期，J. P. 摩根（J. P. Morgan）说过："我可以把一年的工作用9个月做，却不能用12个月。"他的话让我们再一次看到了劳逸结合的重要性。

诺贝尔奖获得者、以色列心理学家丹尼尔·卡内曼（Daniel Kahneman）曾做过一项研究，他想了解妇女一天中的情绪变化，并对她们一天的生活进行评估。上班，购物，与丈夫孩子相处，跟朋友吃午饭……结果很让人吃惊，这些女人并不享受和孩子共处的时间。她们很爱自己的孩子，孩子是她们人生中最重要的部分，她们和孩子一起玩却并不开心，这是一件很有意义但并不愉快的事情。为什么会这样呢？

进一步的研究表明，和孩子一起玩时，她们打电话、跟朋友聊天、回邮件，也就是说她们没有专心地和孩子玩。这些事情每一件单独做可能都会很开心，但放在一起，就会让人心烦意乱。

这个实验也带给了我深刻的启发。我当初放弃百万年薪的工作，回归家庭照顾一岁的女儿，这时我才发现，原来照顾孩子饮食起居、培养孩子兴趣爱好，并不是容易的事情，而是需要你十八般武艺样样精通。与带孩子相比，在公司上班、给员工培训、同客户谈判，对我来说要容易得多。因为工作对我来说是轻车熟路的，靠的是大学的学习和工作十几年的积累和沉淀，是自然而然变得擅长的事情。

而第一次当妈妈的我，带孩子却不那么得心应手。尤其孩子小的时候，我经常一边陪伴着孩子，一边忙着并不擅长又做不完的家务，心情非常沮丧，没有办法真正享受陪伴孩子的时间。一心多用，反而什么也做不好，使人疲惫不堪，也因此一度陷入了抑郁的状态。

和妈妈们一心多用反而什么也做不好的例子类似，我再打一个比方。我最喜欢的歌是麦可·布雷（Michael Bublé）的《回家》，我听它的时候会沉浸其中。歌词讲述的正是我二十几岁时的生活写照，现在听起来仍然很有感触。但如果再放另外一首我同样非常喜欢的肖邦的《E小调前奏曲》，让两首我非常喜欢的音乐同时播放，结果是什么呢？只能是噪音。

这就是我们现代生活的真实写照：诱惑太多，却带来沮丧和绝望。因为过犹不及。老子说过："少则得，多则惑。"简单地说，就是减少活动，快乐增加。现代生活，充斥着"使人分心"的诱惑，所以我们自己一定要做到专注，因为专注可以使创造力提升，效率提高，工作满意度上升。

当下流行的极简主义就是让我们在生活中的方方面面做减法，而不是做加法。我们都知道，在满足基本温饱之后，更多的财富并不能给人带来幸福。那什么能呢？时间充裕，就是感到我们能充分享受手头所做的事，而不是竹篮打水做无用功，东奔西跑，承受巨大压力。时间充裕往往容易获得幸福。学会说不，不单单是对别人的要求说不，有时也要对一些机会说不。我们要问自己：我究竟想要什么？要懂得在生活的方方面面做到宁缺毋滥。

反过来，如果我们什么也不做，如同养老院里第一组老人一样，结果也是不快乐。超过70%的大学生在抱怨自己的拖延心理，

DAY14 应对压力的法宝是什么

拖延跟不快乐、压力过大有很大关系，我们要问自己：我的生活需要简化什么？我的生活需要多做些什么？我怎样克服拖延？克服拖延的一个容易实践且有效的方法，第一就是"5分钟起步"。这是什么意思呢？人们经常对于行动有误解，经常说我需要有灵感才能开始，其实并不是这样。比如写作，觉得没有灵感，就不想写。其实一开始写灵感就来了。

比如我写教学笔记，有时候也会觉得没动力，那我就坐到电脑前，开始写，坚持5分钟，就会慢慢进入状态了。第一步不是改变态度，而是开始行动。我们一旦开始，产生上升螺旋，就可以借助惯性的作用，慢慢养成习惯。有时晨跑，不想起床，但只要坚持爬起来，开始跑步，5分钟身体和心理都会兴奋起来，从困倦疲惫到神采奕奕真的只需要5分钟的时间。帮助你克服拖延的，不是思想，不是意识，而是行动。

还有很多简单易复制的好办法：奖励自己，努力工作一周，周六跟家人朋友一起出去玩；坚持晨跑三个月，给自己买一样一直想要的礼物；或者把你的目标公布出去，这样可以使自己破釜沉舟，有了不得不做的压力会帮助你克服拖延。写下你的目标也很有帮助，写下来就是一种契约，会对人产生约束力。我会把自己的目标写下来贴在办公桌上，每天都会看到，每天都会提醒自己。组成互助小组也是一个很好的方法，有人陪伴，一起做一件事对大多数人来说是有效地克服拖延的好方法。

最后，也是最重要的，准许自己为人，告诉自己，有时拖延一下也没有关系。给自己时间休整，因为我们不是机器人，也不可能不犯错误。这样可以让我们不会因为偶然的拖延而陷入自责，不会进入因为事情无法按时完成而变得焦虑的恶性循环。

在今天的课程中，我们学到了如何正确面对压力，学会劳逸结合，专注地工作，专注地休息，最后也学到了很多克服拖延的小技巧。今天的作业就是：为自己制定一个克服拖延的计划。找到一两个自己容易拖延的事情，按照我介绍的方法付诸实践。只要开始行动，你的思想就会随之改变。你一定可以做到！我们明天见！

DAY 15
幸福的绊脚石是什么

我在前面的课程中为大家详细讲解了"由内而外改变自我"和"获得幸福的多种方法"。大家可能会问，这些方法我已经开始尝试了，为什么并没有感受到我的幸福感增强了呢？答案分两个方面。一方面是，大家哪怕从翻开这本书的第一天就开始践行，践行的时间也还是很短。真正的改变需要时间。另一个让很多人都无法感受到幸福的原因，就是完美主义。我会带大家看清楚、看明白完美主义，这是幸福的绊脚石，并且我还要带着大家突破完美主义的束缚。

完美主义是一种充斥在我们生活中的对失败的失能性恐惧，尤其是在我们最在意的方面。完美主义者总是喜欢说："我要么不做，要么就做到最好。"

完美主义者看问题往往只有完美或不完美、成功或失败两个对立面，这是一种容易走极端的思维方式。他们一味追求完美，将思维局限于自己的完美计划，往往会忽略别人的好建议。这就导致了他们容易固执，钻牛角尖。恐惧失败很正常，但是失能性恐惧就会让我们裹足不前。

因为我们心目中所追求的完美往往是可望而不可及的，目标越高压力越大，而完美的目标往往不可能达到，这使得人们要么因为害怕失败而裹足不前，要么在无法达成自己的完美期望时，产生一种挫败感。压力和挫败感会导致自我否定等消极思想，这就削弱了一个人的自信。

刚刚我在完美主义的定义中提到，完美主义者往往在自己最在意的方面尤为害怕失败。我在陪女儿玩大富翁游戏的时候可不是完美主义者。大富翁游戏的竞争也很激烈，但对于我来说它的胜败并不重要。可是在一些对我很重要的事情上，我也是一个不折不扣的完美主义者，我不单单对自己要求高，而且对身边的人要求也高。

过去在工作中，我要求自己每一份报告都要做到尽善尽美，每一个标点符号都要反复推敲，这不仅让自己很辛苦，也会令同事和下属压力巨大。

其实很多完美主义的人都跟他追求卓越的人格特质有关。渴求人生的卓越、渴求生命的辉煌，并为了这个目标不懈努力。这是很好的特质，也是一个人成功与否的关键。

但为什么完美主义不好呢？它和追求卓越者的区别就在于对过程的理解和认知。对成长中的每一步，尤其是失败的正确理解。从 A 点到 B 点最完美、最有效的方式是什么呢？是一条直线，完美主义者要求自己一定要走这条直线。

追求卓越者同样雄心勃勃，但同时懂得过程中会遇到不可避免的失败。有时考试会失败，但追求卓越者会总结经验，下次加倍努力。有时得不到想要的升职，追求卓越者会重新审视和定位自己，再做努力。

追求卓越的人会明白，这个世界上没有完美的亲密关系。我会犯错，他同样也会犯错，任何一对情侣都要在磕磕绊绊中一起成长，吸取教训，在哪里跌倒就在哪里爬起来。追求卓越的人明白，自己也许要失败五次、十次、百次，才有可能拥抱成功。

成功没有"从 A 到 B 一条直线"这样的捷径，幸福的婚姻也没有捷径，想成为好的父母同样没有捷径。

当人的认知是直线，要求自己一步到位时，就是在违背心理上的自然定律，人就会体会到沮丧。

我们可以从下面几个方面审视一下自己是多大程度上的完美主义者。

第一，在争论和谈话中，完美主义的人有很强的自卫性。因为批评就是对完美直线的偏离。我们都不喜欢偏离我们心中所持的观念和想法，因为我们不喜欢内在与外在之间脱节。当不一致出现时，我们会想尽一切方法寻求内外平衡，所以完美主义者会有很明显的自卫性。而一个追求卓越者是心胸开阔的，他欢迎不同的意见，他明白这是成长所必需经历的。

第二，完美主义者总是会看到杯子空的那一部分，因为他一直对从完美直线偏离而感到困扰，总是关注潜在的失败或是事实上的失败。

追求卓越者可以看到杯子的一半是满的，因为他懂得享受过程，而不仅仅是结果。追求卓越者可以接受弯路、曲折、失败，告诉自己人走过的每一个弯都是有意义的。

明代著名文学家冯梦龙《醒世恒言》中有云："不经一番寒彻骨，怎得梅花扑鼻香。"这也正是他传奇人生的写照。

冯梦龙知识渊博，学问深厚，天文地理无所不通，经史理哲造诣精深，为后世留下了许多纪史、采风、修志的著作，至今难有后人超越。

然而他也曾经历过科举失利，从20多岁一直考到50多岁也没能中举。正因如此，他得以在家中闭门著书，成为一代文学泰斗。

冯梦龙的一生再次告诉我们，任何的人生经历都是有意义的。塞翁失马焉知非福，人生中面对失败在所难免。

冯梦龙的《喻世明言》《警世通言》和《醒世恒言》等文学作品，为我们留下了一笔巨大的精神财富。

完美主义者害怕失败，也害怕别人把自己视为失败者。所有的努力就是为了维持那个完美的幻觉，这源于内心深处的恐惧，他们无法把失败视为一种反馈和成长的机会。

完美主义者只想着怎么从 A 点到 B 点。为失败所困惑的完美主义者只专注于失败的事实，而追求卓越的人会发现路途中的每一步都有成长的机会。他们懂得"危机"中危险和机会并存，失败中也存在机会。

第三，完美主义者容易过度夸大事物的一面，走到一个极端，非黑即白。要么我考试考 100 分，要么我就一无是处——要么全部，要么没有。这是很有破坏性的。

我会在明天的课程中为大家分享一个典型的完美主义者的例子，希望可以为大家敲敲警钟。尤其是年轻的朋友们，希望你们可以早一点明白人生最重要的不是结果，而是你是否享受追求结果的过程。

我们今天的作业就是：请大家思考自己是否懂得享受过程。自己从小到大，最快乐幸福的时光是什么时候？自己真正快乐过吗？还是想等到完成下一个目标时再享受成功的喜悦？为什么要给大家留这个作业？答案会在下一次的课程中揭晓。我们明天见！

DAY 16
如何从追求完美到追求卓越

我们接着上一节的课程继续讨论完美主义者,让我先来讲一个王先生的例子。

王先生从小就是一个聪明努力的孩子,是家长们口中常说的那种"别人家的孩子"。上小学时,他就意识到,只有非常努力,取得好的成绩才能上重点初中。他虽然成绩很好,但是总是给自己很大的压力,也很不开心,只有考试结束后不用再担心时,才感到轻松快乐。

当终于考进了父母希望的那所初中后,他很开心,但一个月后,他就发现学校竞争非常激烈,于是和考初中相同的经历在他考高中和考大学的过程中重演。终于,清华大学的录取通知书来了!他从来没有这么开心过,全家人都在庆祝。他说:"我终于

21天幸福课

可以轻松一下了。进入了这所我梦寐以求的大学，我终于可以开心快乐了。"可是开学后不到两个星期，他再次感到了压力。因为周围的人都那么优秀，大家都在明争暗斗。为了获得最好的工作，还是要加倍地努力。

王先生果然拿到了某大投行的工作，那个熟悉的循环又来了。他要努力拿到下一个、下下一个升职的机会，他要做总监，可是总监上面还有合伙人。他并不喜欢这个人人都羡慕的工作，但是他相信只要再努力一点，多忍受一点痛苦，最终的回报会到来。每次都是在目标达成和短暂的开心后，再进入为下一个目标拼搏的无尽挣扎中……

最后，他真的走上了人生巅峰，坐在了顶层转角有两面落地玻璃窗的总裁办公室。这样的好日子没过几年，一天，有人敲一下门就走进了他的办公室。正当他奇怪为什么秘书没有拦住这个不速之客的时候，他抬头看到了董事会主席。主席拍拍他的肩膀说："老王，我代表董事会和公司感谢你四十多年来对公司做出的贡献，恭喜你，现在是你退休颐养天年的时候了。"

这个时候的王先生已经年近七十，他周围的人都说，他实在是一个太优秀的人，一生顺利，又成功，大家都很羡慕他。只有他自己知道，他一直都在挣扎，只有每次达成目标后，才能感受到短暂的快乐。

DAY16 如何从追求完美到追求卓越

他的座右铭是:"没有痛苦的付出,就没有回报。"他付出了,也得到了回报。但怎么也弄不明白,获得了自己想要的一切,为什么还是不能快乐?现在他退休了,再也没有可以为之奋斗的目标。他感到茫然,沮丧,甚至无助。接下来他的人生该何去何从?

这个故事其实是很多人的真实写照。昨天我给大家留的作业是,请大家回忆自己人生中快乐的时光。你的生活跟故事中的王先生相似吗?

无论你的答案如何,值得庆幸的是:你觉醒得早——如果不能享受拼搏的过程,就不会拥有快乐。而王先生直到退休也仍然没有明白这个人生哲理。

谁的人生不拼搏?一个追求卓越者,表面上和一个逐利者是完全一样的,同样地用功刻苦,同样地拥有成就,但是内心深处却非常不同。前者不会仅仅享受成功带来的暂时性的快乐,他们会享受整个过程。奋斗本身也可以是一种快乐而不是获得别人认可的手段。

不知道大家有没有想过完美主义是怎么形成的?社会因素、家庭因素等都会影响完美主义的形成。

人不是天生的完美主义者,不信你就去看小婴儿,他们学走路,摔倒了,爬起来再走。活在当下,不在乎失败,开心就笑,伤心就哭,快乐而真实地活着。可随着孩子们长大,家长、学校和社会都只看重结果，并不看重失败或者努力的过程，慢慢地，完美主义者就会被塑造出来，他们相信路途是不重要的，那只不过是到达终点的一种方式。

再看看我们周围，电影里、小说里误导人的完美爱情、完美恋人……我们要提醒自己，"有几十亿男人女人长得并不像超级模特，只有那几个超模才像"。

父母不当的表扬也会导致孩子完美主义的倾向。那就是只注重表扬结果，比如聪明、天赋，而不表扬努力、认真的态度。斯坦福大学的卡罗尔·德韦克（Carol Dweck）教授曾经做过一个实验。她把一些十岁的孩子随机分成两组，第一组的孩子都做了一道数学题，他们每个人都独立完成了，到最后，她对每个完成的孩子说"你真聪明伶俐"。当然，孩子们都感觉很开心。第二组的孩子做了同一道题，做完了，做得不错，结束后，她说："你真努力，你很认真。"这随机分成两组的孩子，一组是"聪明伶俐"组，一组是"努力认真"组。

然后她开始第二部分的研究，两组孩子要选两道题，他们被告知一道很简单，他们可以很顺利地完成，另一道非常难，但是他们会从中学到许多新知识。那组被称赞"聪明伶俐"的孩子里，五成孩子选了简单的题目，另五成孩子选了可以学到很多知识的难题；那组被称赞"努力认真"的孩子里，九成孩子选择了能学到很多知识的难题。

第三部分研究，她让孩子们做一道非常难的题，这道题基本是无法解答的，她想看看两组孩子的反应。"聪明伶俐"组的孩子没有坚持多久，很快就开始放弃并且非常沮丧；相反，被告知"努力认真"的那组孩子，他们更能坚持而且享受解题的过程，即使到最后他们都没能解开这道题，但是他们享受这个过程，并且更加努力。

这个实验的结论是，我们作为家长和老师需要帮助孩子认识到努力的重要性。努力本身是一个孩子可以拥有、可以掌握的变量。他们的潜意识里会慢慢认可：自己能够掌控自己的成功。

强调自然的天赋，让孩子们无法掌控成功，这不会给孩子提供面对失败的方法。事实上，当你仅仅注重天赋的时候，你就是在制造完美主义的模型，而不是专注于旅途当中的努力这一可控变量的模型。

如果你称赞孩子们的智力，当他们失败的时候，他们会认为自己不再聪明，他们畏惧失败，怕被别人说"不聪明"。不想威胁到自己所谓的"聪明"，然后失去对眼前工作的兴趣。相反，那些被称赞"努力"的孩子，在困难面前不会气馁，甚至更有动力。

讲到现在，相信大家都明白完美主义的危害。那么，我们要怎样做才能帮助自己克服完美主义的倾向？首先要有选择地追求局部范围内有限的完美。有些事情可能需要做得尽善尽美。比如我曾经从事审计工作，在工作中必须小心谨慎，力求做到完美。

可是有些事情可能只需要做到"较好"就行了，在工作和生活中要注意区分这种情况，把握一个平衡点，将有限的时间资源投入到最有价值的事情上。对需要精耕细作的工作和策划性的工作追求完美，对需要决策和革新的工作不追求完美。

专注于对自己努力的嘉奖也非常重要。当我们关注自己和他人的努力时，就会一点一点改变那种根深蒂固的完美主义模式。嘉奖自己的努力，嘉奖自己努力后的失败，学会享受人生的整个旅程。

要改变自己使用时间和制定计划的习惯，这里不得不提"帕累托法则"，也叫"二八法则"：仅有20%的变因操纵着80%的局面。也就是说，所有变量中，最重要的仅有20%，虽然剩余的80%占了多数，但是其控制的范围却远低于"关键的少数"。这个法则是根据帕累托本人当年对意大利20%的人口拥有80%的财产的观察推论出来的。

该法则在现今企业管理中被广泛运用。例如，"80%的销售额来自20%的客户"，从生活的深层去探索，找出那些关键的20%，以达到80%的收益。要注意完美和时间之间的性价比。

DAY16 如何从追求完美到追求卓越

把"二八法则"带入到完美主义中，要意识到时间和质量有同等的重要性，完美和效率之间要选择一个平衡点。在追求完美前要多想一想："用这么多时间去苛求完美合算吗？"我们要适度的、灵活的计划，不要烦琐、死板的完美主义计划。

还有一点非常重要，就是要消除完美主义心态。无论工作有多忙，压力有多大，标准有多高，也不要过分强迫自己。学会放松自己，学会管理压力。无论外在表现与自己的完美标准差得多么远，都要保持自信，因为自信不是源自外表，而是源自内心。

不应因为某一次的表现不够完美而削弱自信心。要准许自己为人。眼下我的确失败了，接受这是一个困境，接受现实、尊重现实，再挖掘失败中的闪光点、积极点，比如其中有什么成长机会，是不是帮助我了解了自己和他人等。

还要转换角度考虑：其实让我们伤神的事很多都是小事，这件事一年后还会对我有影响吗？什么才是真正重要的？要学会适当地将注意力转移，转移不是逃避，因为徒劳征战没有用，深度分析每种情绪没有用，想来想去都没有用。让自己休息一下，出去跑步，换个心境。我们都知道"己所不欲，勿施于人"，己所不欲，也勿施于己，对自己也要有同情心。

当然，在这一切改变之前要先主动接受自己。我可能永远都有完美主义的倾向，但这没有关系。想象一下，幻想自己是一个追求卓越的人，用完美主义的方式来克服完美主义，成为一个完美的追求卓越的人。

我们今天的作业就是：马上行动起来，仔细觉察自己身上的完美主义特征，并开始改变。比如我曾对女儿的要求非常高，要求她像我自己一样做事滴水不漏，当她做的事情没有达到我的高标准时，我就会非常生气。现在我明白了，我的女儿毕竟只是一个8岁的孩子。我学会了正确的表扬，力求从现在做起，让她懂得接受自己是一个会犯错误的普通的快乐的孩子。让我们一起改变。我们明天见！

DAY 17
挽救你的"僵尸婚姻"

我们的"哈佛幸福课"已经接近尾声。到这里，我要谈一个永恒的主题——爱情。无论你是单身，还是和我一样步入了婚姻，也许爱情都是你心底挥不去、抹不掉、斩不断的记忆与渴望。

我先为大家分享一段著名作家冰心对于爱情、婚姻、家庭的精辟论述。时年86岁高龄的冰心在《论婚姻与家庭》中写道："家庭首先由夫妻两个人组成。夫妻关系是人际关系中最密切最长久的一种。夫妻关系是婚姻关系，而没有恋爱的婚姻是不道德的！恋爱不应该只感性地注意到'才'和'貌'，而应该理智地注意到双方的'志同道合'，然后是'情投意合'。在不太短的时间考验以后，才能考虑到组织家庭。一个家庭对社会对国家要负起一个健康的细胞的责任，因为在它周围还有千千万万个细胞。一个家庭要长久地生活在双方的人际关系之中。不但要抚养自己的儿女，还要奉养双方的父母，还要亲切和睦地处在双方的亲、友、师、生等之间。婚姻不是爱情的坟墓，而是更亲密的、灵肉合一的爱情的开始。"

正如冰心文中提到的，再情投意合的爱情进入婚姻家庭，都要面对柴米油盐和儿女亲友。爱情没有真空保鲜袋，婚姻也没有防火墙，爱情是否天长地久，婚姻是否地老天荒，重要的是自己如何看待婚姻与配偶，夫妻双方如何经营婚姻。

首先，我们不得不谈一下人们对爱情的误区，通常是这些误区的存在，让我们的爱情陷入了僵局，最终导致感情破裂。第一个需要澄清的误区就是，人们对婚姻爱情的心态到底是固定心态？还是可塑心态？

我们在昨天的课程中谈到过卡罗尔·德韦克的研究。她发现，当你的孩子在考试中取得了好成绩，如果你每次都表扬他"你真聪明"，这个孩子会逐渐产生固定的心态：如果我考不好，那就是我不聪明，我非常害怕失败。如果你表扬孩子"你真努力，这是你努力的结果"，这个孩子就会产生可塑心态：不必害怕失败，因为失败也许是我努力得不够，下次可以继续努力。

如果用固定心态寻找和看待自己的伴侣，即使你以为找到了自己的白马王子或白雪公主，这种心态也会为你们日后的婚姻埋下一个定时炸弹。可惜的是，大部分人都抱着寻找心态，想找到自己的真命天子。在寻找心态下，人们很容易花费大量的时间、精力去找一个完美的人，认为自己只有找到这个完美的另一半，才是获得完美爱情的关键。遇到他（她）之后，自己的生活从此进入了美满的世界，就像无数电影中宣传的那样，男女主角一见钟情，非卿不娶，非君不嫁，历经了种种磨难之后，有情人终成眷属，帷幕缓缓落下，一对幸福的人在夕阳中拥吻。

殊不知，电影的帷幕落下之时，真正的爱情才开始。世界上没有完美的爱情，也没有完美的伴侣。亲密关系进展得不顺利的时候，我们会想什么呢？"我一定是没有找对人，我一定是选错了人""她不是我的白雪公主""他不是我的白马王子"……

破坏恋情的寻找心态，就是要么我找到了对的人，要么我找错了人的固定心态，它会让我们进一步聚焦于爱情中不顺利的地方，从而形成恶性循环。

反过来，如果我们抱着培养心态，相当于卡罗尔·德韦克理论中的可塑心态，遇到关系中的冷淡期时怎么反应呢？可以想："没关系，我们现在遇到了很多问题，要努力解决这些问题。"很明显，这种培养感情的心态更健康。

为什么人们会不自觉地陷入寻找心态呢？这不得不说，我们都受到了影视作品和文学作品的影响。电影中完美伴侣总是有

"智者的敏锐,儿童的灵活性,艺术家的感性,哲学家的领悟,圣人的包容,学者的宽容,笃定者的刚毅"。

谁能真的做到?期待完美关系,注定会失败。完美爱情不存在,但是真爱存在,在不完美的人之间存在。一部分人可以做到用可塑心态培养感情,他们的关系也经历过波折坎坷,但是没有破裂,没有走到尽头,没有变成安静的绝望。他们的感情在冲突中升华,越到后面越精彩。

要如何抱着可塑心态培养感情呢?培养感情就需要投入时间。我刚刚当妈妈的时候,跟很多母亲一样,感觉家里突然多了一个小人儿。并不是所有母亲对孩子的爱都是自动自发的,至少我不是。女儿从医院回到家,我每天给她洗澡,换尿不湿,哄她睡觉,半夜爬起来给她喂奶,拍嗝,再哄睡,在这一点一滴的小事中,埋藏于心底的母爱才被激发出来。

这也可以用自我知觉理论来解释,当你做了这些行为时,你自己会肯定自己:"我是一个好妈妈,我爱我的孩子。"因为你的认知,所以你会更加爱你的孩子。

情侣之间也是这样。即便是自发的一见钟情,如果没有努力,没有培养感情的行为,用自我知觉理论来看,就等于对自己说,"这恋情对我一定不怎么重要",于是感情就会慢慢淡去,变为一潭死水。

DAY17 挽救你的"僵尸婚姻"

人们生活的节奏越来越快，每天面临的压力越来越大，这让大家常常忽略了重要但却不紧急的事。夫妻之间形成约会的好习惯至关重要，我们无论多忙也要尽量抽时间一起吃饭。如果晚上总要加班，没有办法回家，可以一家人一起吃早饭。睡觉前一起喝一杯红酒，聊聊一天中发生的新鲜事。在互相付出的过程中，我们很容易强化自己对对方的爱情觉知。根据自我知觉理论，我们通常是通过我们的行为形成对自己的认知和信念的看法。也就是说，只有我们真的付出了行动，付出了辛劳，才会认为自己对这个家庭有感情，对伴侣有感情。

反之，不建立陪伴爱人、家人的好习惯，就不要怪"时间都去哪儿了？"因为时间会从指缝中溜走。"爱情不只是盛大的婚礼，不只是奢豪的旅行，爱情更是每天生活的一点一滴。"

中国的离婚率逐年升高，可是我觉得比离婚更可怕的是任凭自己在"僵尸婚姻"中枯萎凋零。在这样的婚姻里，没有爱，没有交流，没有温度，没有盼望，也就没有未来。

很多妻子忙里忙外，将家务打理得井井有条，养育儿女，照顾老人样样全能。下班回到家，就钻进厨房，忙得汗流浃背，而丈夫则抱着手机或电脑刷新闻、玩游戏。晚饭后，看着凌乱不堪需要收拾的客厅、厨房，还有哭闹不止需要安慰的孩子，妻子心烦意乱，疲惫不堪，可是丈夫依旧坐视不管，自顾自地消遣，不插一下手。吵也吵过、闹也闹过，可丈夫依旧我行我素。慢慢地，妻子也不再对丈夫有任何期望。双方再没有伴侣和恋人的亲密感情，逐渐变成了彼此可有可无的人！此情此景不知是多少当代"僵尸婚姻"的写照。

但是，想到孩子，妻子还是日复一日、年复一年地忍耐。即便为家庭付出至此，对方最终还是选择离你而去。这听起来很难理解，但是用自我知觉理论来看，这是因为丈夫在家中已找不到存在的价值，没有付出，自然没有留恋。

热恋和蜜月期终会过去，而在接下来漫长且平淡的时光里，只有持续不断地培养真爱才能让婚姻保鲜。听到这里，也许大家会问，我之前做得不好，我该怎么做来改善夫妻关系呢？我现在就给大家介绍一个爱情迷你助力器：每天一个简单的拥抱，不在一起的时候给伴侣发一条短信或一张照片，这些小事会对婚姻生活产生重大影响。还可以是一句关心的话："你看起来很累，不舒服吗？"可以是一句夸奖的话，"你今天看起来真漂亮"，可以是一个微笑……不要把伴侣当成是理所当然，这样的关心和问候不花钱，却会给我们带来不可估量的幸福，幸福就在每天的细节中。

两个人刚刚相爱的时候，大脑里悄悄地分泌一种滋养爱情的养分——多巴胺，这种神经递质产生于人的丘脑。如果说丘脑是丘比特，那么多巴胺就是丘比特之箭了。多巴胺给我们带来激情、心跳和兴奋的感觉，也就是恋爱的感觉。不过它像海水一样会涨潮和退潮。

怎么办呢？这个时候你要唤醒丘脑，让它重新分泌多巴胺。可以尝试一些新鲜的事情能重燃爱的激情，比如一起学些新东西。我和我先生一起学习"哈佛幸福课"，课后一起讨论、一起践行，效果就很好。如果有条件，假期的时候多去外地或者国外旅行。新鲜的经历能够启动多巴胺的作用机制，让你的爱情一直都充满浪漫的感觉。

讲到底，不管是心态作用还是激素作用，不管是培养心态还是重燃激情，爱情的关键在于你有没有花时间经营。那么，要如何经营才能让爱情天长地久呢？首先可以确立一个目标，并一起完成这个目标。夫妻同行几十年，相互独立又相互牵绊。如果没有一个共同目标，夫妻很容易渐行渐远。这个目标可以是一种人生信念和追求，可以是一起获得事业上的突破或进步，也可以是一起抚养孩子长大成人，甚至可以是一起减肥，一起环游世界。彼此支持、彼此依赖才是夫妻这个共同体一起成长的基础。

约翰·戈特曼（John Gottman）说过，最稳固的婚姻是丈夫和妻子彼此间深度融合。他们不只生活在一起，他们还支持彼此的愿望与抱负，为他们的生活融入共同目标。夫妻有一个共同的目标是家庭长久幸福的第一大定律。

今天的作业就是：请还没有同伴侣约会的朋友们抽时间制定出你们的约会计划。不管是每两周单独吃一次饭，还是每个周末在孩子们睡着之后一起喝杯红酒聊聊天，或者每个月一起看场电影，总之一定要行动起来。为了让爱天长地久，请今天就行动起来。我们明天见！

DAY 18
教你为爱情银行存款

今天我们要接着上一次的课程继续探讨如何让爱情天长地久。转变自己的心态非常重要，将想要被伴侣认可的心态转变为想要被了解，也是形成亲密关系最重要的心态之一。人与人之间之所以形成了亲密关系，最重要的原因是我们在对方眼中看到了自己的价值，也就是说，我们得到了对方的认可和肯定。这对于确立情侣关系很重要，可是若要使一段关系长久，最重要的心态却是将被认可转变为被了解。

你会慢慢明白，那些人批评、否定、指责你，很多时候并非全是你不好，而是他们习惯了苛责自己，所以也会那样对待你。他们一张嘴就是挑剔，闭上嘴也愤愤难平，他们没有能力给予，并非是你不好。被了解其实才是亲密关系也是任何关系的基础。

"亲密就是让你被自己的伴侣所了解，即使是你或你的伴侣不喜欢的，也要被了解。"很多夫妻在一起生活几十年，到最后越来越没有话说了，该说的话似乎都在蜜月期间说完了，不该说的也早就说完了。那我们真的有被对方了解吗？

我们分享过彼此的缺点吗？我们羞于启齿，不能跟别人讲的事情有跟伴侣分享吗？分享过我们的不安和我们的痛苦吗？分享过我们的梦想与热爱吗？我们是否愿意在伴侣面前袒露我们内心最深处的需要？我们很多时候都不愿意这样做，是因为我们担心，如果深入了解后他不喜欢我了怎么办？袒露自己不一定成功，但如果长期压抑自己，只能是取悦别人。

在婚姻中，我们要让对方了解自己，也要了解对方。知道什么时候要在对方面前袒露心声，什么时候要给对方空间。很多人在社会上、在工作中不得不带着面具在人前演戏。如果回到家里你也是这样演戏，想永远展现自己完美的一面，那么注定会走向失望。

其实，正是在伴侣面前分享自己不愿为人所知的一面时，才让我们变成真正亲密的恋人和朋友。而且，被了解的心态也有助于我们挺过冲突发生的时刻。试想，当我们抱着被了解的心态，我们就不会将每一次冲突视为灾难，我们会把它视为一个了解对方，也被对方了解的机会。只要不出口伤人，不压抑自己，那么绝大多数伴侣都能够在冲突中找到最合适的相处模式。

袒露心声让我们更容易得到伴侣真诚的爱意。为什么？因为只有真诚才能获得别人的信任，坦诚的人更容易被接纳。坦诚相待也能够让一段关系更持久，所以尽自己所能去了解自己的真实想法，并了解你的另一半吧。

很多时候，我们不愿意在伴侣面前袒露心声，因为我们害怕冲突，但要知道，没有冲突的爱情是不存在的。这也是我们常见的心理误区：我们常常以为完美的感情中，双方一定是琴瑟和鸣，至少也要相敬如宾，没有冲突。但这样完美的爱情是根本不存在的。

一段感情若没有发生过冲突，要么是双方都不够坦诚，压抑着太多的负面情绪，要么是爱情已逝，索然无味，只剩下麻木的沉默罢了。那么，怎样才是正确的心态？首先我们要允许冲突在亲密关系中存在。之前讲过，要允许自己为人，人非圣贤，孰能无过？发生冲突很正常，重要的是如何面对。

统计数据也显示，最好的恋情其实有5：1的冲突比率：5个正面互动，1个冲突。吵架是正常的，当然，太多也不好，这一点大家都明白。其实吵架太少也不好，因为可能双方都在压抑情绪，总有一天会爆发。冲突本身也是为感情增加免疫力。

正常情况下，冲突分为积极的冲突和消极的冲突。积极的冲突通常是针对对方的某一具体行为上的指责，而消极的冲突常常针对对方的为人、性格缺陷。切记不要用恶意、侮辱、蔑视的语言，不要把生活上不可避免的小矛盾、小冲突升级为对对方人格的侮辱或全面否定。小冲突无害，可是恶言相向对婚姻的杀伤力还是很大的。

要设身处地为对方着想：他（她）为什么会这么做？他（她）为什么会这么反应？你会慢慢发现，很多冲突都是源于误会。如果能更及时有效地沟通，大家就可以减少不必要的冲突。如果双方非常了解自己和对方的缺点，那么就会减少由误会产生的冲突。

要想获得良好的感情，我们要时刻提醒自己做一个关注对方优点和积极一面的人。不仅如此，我们对另一半的评价也往往预示着这段感情的结局。桑德拉·莫瑞（Sandra Murray）的夫妻评价研究试验显示，对伴侣的评价比别人还差的，恋情一般持续不了多久。彼此之间的评价高于其他人对他们的评价的，往往恋爱最幸福。因为他们能够看到别人看不到的优点和美德。能够发现对方美德的人往往会令对方的美德更突出。

有人说这是甜蜜爱人之间的错觉，但从另外一个层面来讲，这也并不是一种错觉，而是一种自我实现的预言。我刚结婚的时候不会做饭，可先生一直说我做饭好吃，现在女儿也说我做饭好吃。慢慢地，我真的越做越好吃，连吃过我做的饭的朋友也经常称赞我的厨艺。

夸奖可以创造优点。爱不仅能看到潜力，还可以将它转化为现实。如果说黄金法则是己所不欲，勿施于人，那么我要加两个法则——自爱的白金法则：人所不欲，勿施于己；婚姻的钛金法则：不好意思对外人做的事，也不要对亲密的人做，例如对亲人吼叫。

我们一直在讲沟通很重要，很多朋友也说，我们经常沟通呀！可常常越沟通越不通。那么我们来看看你们平常是怎么沟通的。雪莉·盖博（Shelly Gable）的研究表明，通过分析如何沟通积极事件可以更准确地预测一对夫妻的感情会不会长久。举个例子，老公回到家兴奋地说："老婆，我升职了，等了这么久，终于如愿以偿了。"如果是被动破坏性的回应，会对此表现出完全不感兴趣，就会说："哦，好呀。"然后开始讲其他的。"女儿的作业我辅导不了，你来看看吧。"以此来分散注意力。主动的破坏性的回应会直接说："天啊，这太糟糕了，这样的话我们在一起的时间就更少了。孩子怎么办？度假还去不去了？说好了是下个月，是不是不去了？"

大家对号入座一下，看看自己有没有类似的破坏性的回应。

被动的建设性的回应是："噢，太好了。太棒了。"这是最常见的情况。主动的建设性的回应是："那太好了，我知道你已经努力很久了。实至名归！告诉我，跟我说说，过程是怎样的？我们真要好好庆祝一下。我真为你高兴！"

　　遗憾的是，这在情侣中并不常见。雪莉·盖博发现，主动的有建设性的回应一旦消失，两个人的感情维持就会发生困难。

　　这不单单在伴侣中适用，与我们的朋友、同事、父母、孩子沟通的时候也很有用。经常性的主动建设性的回应会产生良性循环。主动建设性的回应会延长幸福感的提升。主动建设性的回应带来的另一种良性循环是人际关系方面的。真诚回应的人，因为亲身参与了事件，自己也从中受益，会变得更快乐，这是一种双赢。它和积极心理学的整体作用一样，可以为彼此的关系积累积极正面的情绪，也可以说是为你们的爱情银行存款。经常性进行主动建设性回应的伴侣是在为艰难时刻积累积极正面情绪，在危机来临时，让你们的爱情银行有取之不尽、用之不竭的财富。

　　回到"哈佛幸福课"最开始我提出的问题（问题创造现实），蜜月期之后人们会问什么呢？"我们出什么问题了？""我们的爱哪里去了？"这些是很好的问题，但我们同时还要提出积极的问题，不能无视生活中的美好。"伴侣的优点是什么？""我应该感激他的是什么？"尤其在两个人关系的低谷期，提出这样的问题就显得更为重要。只要带着这个问题去探索，就会发现生活中总有一些事情是值得感激的。

我想再一次重申，提出有建设性的问题真的很重要，提问是探求的开始。提出积极正面的问题，比如伴侣有什么优点值得感激？我们的关系中让我最欣慰的地方是什么？我爱他哪一点？关注优点就能创造优点。提出一个积极的问题，才能发现被我们忽略的事实。

电影《尽善尽美》中，杰克对海伦说："你让我想成为更好的男人"，这就是对爱情最好的宣言。我们的"哈佛幸福课"也将接近尾声，希望大家在过去的十几天里有一些收获和心得，最重要的是有一些行动和改变。

今天的作业是：我要请大家拿出一个本子，写出伴侣的20个优点，听着好像有点多，但是当你静下心来问自己对的问题的时候，回想和伴侣当初怎么走在一起不忘初心的时候，我相信你一定能写出来。没有伴侣也没关系，这个练习也适用于你的任何重要的他人：你的父母、孩子或者挚友。相信这个练习会给你带来意想不到的收获。我们明天见！

DAY 19
自尊与幸福有关系吗

时间过得真快，今天是我们幸福课堂的最后一个主题——自尊。为什么要在幸福课上讲自尊？因为自尊是对主观幸福感最可靠、最有力的预测指标之一。也就是说，一个人尝试了我们在课程中所讲的各种提升幸福感的方法，但如果因为他的自尊很低，那么他的主观幸福感也仍然高不起来。这就是为什么在课程结束之前，我们要单独拿出一个章节来探讨自尊这个话题，帮助大家意识到自尊的重要性，也教给大家一些实用的方法来提升自尊。

自尊，是基于自我评价产生和形成的自重、自爱、自我尊重，并要求受到家人、集体和社会尊重的情感体验。

拿撒尼·布兰德（Nathaniel Branden）被很多人称为美国乃至全世界的自尊运动的先驱，身为心理医生和哲学家，他在这一领域研究了 50 年，他对自尊作出了如下定义："一种觉得自己能够应付生活中的基本挑战，值得享受快乐的感觉。"我觉得这个定义非常好，他定义的自尊由两个部分组成：能力感和价值感，两者都很重要。缺少任何一个，自尊就会降低。

我在这一点上深有体会。处在工作岗位上时，我觉得自己能胜任手头的工作，也拿到了一个个晋升的机会。但我的自尊仍旧很低，因为我缺少自尊中的"价值感"这一重要组成部分，所以光有一个是不够的，要能力感和价值感两者兼备。

后来我回归家庭，连能力感都丧失了。虽然理论上我非常认同童年的亲子关系，尤其是孩子在生命之初与母亲间的依恋关系将会影响他们一生的发展，我也很认同给孩子人之初最好的爱与陪伴、用自己在生活和事业上的暂时牺牲换来孩子一生幸福的基础是值得的。价值感是有了，可是因为自己能力感的缺失，我的自尊仍旧很低。

那么，低自尊会对我们的生活有什么影响呢？低自尊很容易导致焦虑，甚至是生活中毫无原因的焦虑、恐惧。拿撒尼·布兰德称之为自尊焦虑：半夜突然醒来感到毫无缘由的焦虑，或者日常生活中经常感到一种焦虑感或恐惧感，却不明白是为了什么，这通常是低自尊的症状，也是抑郁的一种表现形式。

拿撒尼·布兰德称自尊是意识的免疫系统。低自尊也会使免疫系统变得脆弱，从而导致失眠等症状。反之，当我们自尊较高时，心理抵抗力更强。高自尊的人心理更健康，更能对抗抑郁、焦虑和各种无法避免的困难，也可以帮助我们改善人际关系。高自尊的人一般情商更高，更快乐。

其实，不用我说，大家都知道自尊很重要，我们要怎样培养自尊呢？拿撒尼·布兰德提出了培养自尊的六条重要实践。首先，要正直。正直就是指言行一致，无论大事小事，说到就要做到，真诚地遵守诺言。如果你决定要早起跑步，那么就马上行动起来。这说明"我的话很重要，我很重要"。如果不这么做，无异于对自己传达一个信息："我的话无关紧要。"反之，我保持高度正直，遵守诺言，以低要求许诺，以高要求履诺，就是以行动对自己说："我的话很重要，我很重要。"这和我们之前讲过的自我知觉理论相吻合。

第二，要自我觉察，了解自我。就是一个人知道、了解、反思、思考自己在情绪、行为、想法、人际关系及个人特质等方面的状况、变化及发生的原因。自我觉察意味着一个人开始超越自己的心智，让觉察的自我从心智中分化出来，把自己的心智作为一个对象来加以认识。

我们的大脑有一个非常重要的特点：80%—90%的思维活动都是重复的，重复的思维活动形成我们的日常习惯。习惯的好处就是让我们的大脑节省能量，不用过多思考。

这就是为什么我们在前面提到了感恩、运动等习惯养成的重要性，当这些好的行为在我们的大脑中不断重复，慢慢变成我们的习惯时，我们也就变成了一个懂得感恩、懂得爱惜自己身体的人。

反之，大脑的这一特性的弊端就是，如果我们的习惯不好，我们的生活就会被坏习惯所驱使，变得越来越糟糕。

比如我之前提到的沉迷于手机和游戏的案例。不管是对于大人还是孩子，很多时候，使自己越陷越深的，并不仅仅是电子产品不可抵挡的吸引力，而是因为我们已经养成了不停地查看手机的习惯。我们早上起床和睡觉前常常会查看手机，平时也会不知不觉地抓起手机，生怕错过什么信息、资讯。

FOMO（Fear of Missing Out），意为"害怕错过"，这个词在2013年被加入牛津词典。它指人们害怕错过社交媒体上发生的事情（比如朋友的新动向或自己关注的明星、名人的八卦新闻），从而产生焦虑和烦恼。"害怕错过"已经成为一种网络社交时代的"心病"。而这种害怕错过的心理又助长了我们不停地查看电子产品的坏习惯，最终让我们陷入被虚拟世界控制而又无法自拔的懊恼与自责中。

而自我觉察，也就是让自己置身事外看待自己的行为和习惯，可以帮助我们发现自己的不良行为和思维习惯，有利于我们改掉不益于自尊培养的坏习惯。

接下来的几个方法也可以帮助我们克服坏习惯、建立好习惯，这在之前的学习中已经详细地解释过了，就是：要努力追求有目标、有使命的生活；要为自己担起责任，因为只有你能够创造你自己的生活，没有别人可以替代；还要自我接纳，要允许自己为人；要有主见，该说"是"的时候说"是"，该说"不"的时候说"不"。这些实践经年累月可以培养我们的自尊，同样它们也是自尊的产物。

自尊一共有三个层次：依赖性自尊、独立性自尊和无条件自尊。

依赖性自尊源于与他人的比较，如果考试比别人好，我就觉得好。不管我做得怎么样，重要的是我跟别人比怎么样。依赖性自尊的自我感取决于他人。他们依赖于他人的表扬，生活不断受到他人思想言论的影响。不断评估，想知道别人怎么看待自己。把别人的评估当作自我感。高依赖性自尊的人主要受他人的想法言论所驱动。他们会努力从事高社会认可度的职业，因为这样能带给自己最多的赞赏与表扬。他们甚至在选择伴侣的时候都会选择受大多数人喜爱的人。他们的自我感取决于他人。

《白雪公主》中的坏皇后，她的价值感由他人决定，她问魔镜世上谁最美丽,只有在白雪公主吃了毒苹果死去,魔镜说她最美丽的时候,她的内心才平静下来。她需要由此获得价值感。

其实,我们每个人都有依赖性自尊,没有人能完全不在乎外界的评论,或不受社会比较的干扰,这是人性的一部分,关键在于程度。独立性自尊不取决于他人。在价值感方面,我用自己的标准评估自己。我会听取他人意见,但最终我对自我的评估由我说了算。在能力方面,我不与他人比较,而是与自己比较。我进步了吗?我变得更好了吗?我只关注自己。

依赖性自尊的人需要不断寻求他人的肯定,害怕批评,常常是完美主义。而拥有独立性自尊的人会寻找批评,这样的人其实在不断寻找"美丽的敌人"——那些挑战他、帮助他寻找真相的人。因为他们想要进步,他们的主要动力是"我热爱什么?""我喜欢什么?""我真正想做的是什么?"总之,他们想追求自我调节的目标。

无条件自尊的人,他们的价值感不取决于他人的评价,也不取决于自我评价,他们自己有充分的自信不参与任何评价。他们有能力感,不拿自己与他人比较,也不与自己比较,他们处于某种状态,与他人互相依赖的同时又怡然自得。

比如,一个高依赖性自尊的人写书,他的动力主要来源于别人的赞赏和表扬,这类人还会把自己的书与其他人的书相比较。

高独立性自尊的人写书，他的快乐与满足感源于自己对书的评价和满意度，也会在乎自己的新书是不是比之前自己写得更好了。而无条件自尊的人写书就只是为了写书。他们一旦有灵感，就会写出一本好书，并不为任何人，只是喜欢，想做。无条件自尊的人懂得享受事物的本原，他们把握当下，无诸多幻想，对别人的一举一动不再敏感。他们超然，但是并不冷漠，与他人的关系更和谐，更有同情心。他们远离羡慕嫉妒与高傲自卑，因而更容易与他人融为一体。

其实所有人都有一定程度的依赖性自尊、一定程度的独立性自尊，以及一定程度的无条件自尊，问题在于程度。如果我们能培养健康的独立性自尊就能达到无条件自尊。我们通常需要一辈子的时间把无条件自尊培养得越来越强大。戴维·许内克（David Schnarch）谈到普通人到了 50 岁才懂得被了解而不是被认可，这就是强烈的无条件自尊。马斯洛（Maslow）认为人到了 45 岁或 50 岁才能自我实现，这就是无条件自尊。我的年纪虽然与之相近，但我知道自己离达到无条件自尊还有很大距离。

圣雄甘地曾经说过："如果我不让他们这样做，没有人能拿走我的自尊。"我觉得他的伟大之处不单单在于他是一个拥有无条件自尊的人，他也让饱受奴役的印度人以自己的国家为荣，以自己为荣。

今天我们的作业就是：要利用我们学到的自我知觉理论来思考自己的自尊到底是依赖性自尊，独立性自尊，还是无条件自尊。在思考的时候大家需要明白一点，我们从很小的年纪开始，每个人都拥有这三层自尊，并非只有圣雄甘地、曼德拉、冰心这样的名人才是自我实现的人。其实他们并不是完全不在乎别人的看法、从来不和自己比较，而是他们在大多数情况下自觉地做自己相信的事，和他人相互联系，想让世界变得更美好。

我犯过一个错误，当我了解到独立性自尊时，我对自己说："好的，我想有独立性自尊。"但当我明白无条件自尊是什么的时候，我又说："这个更好，我想有无条件自尊。"我把这两种自尊列为"好的"，把依赖性自尊列为"坏的"，结果呢？只加剧了我对他人的依赖，因为当我们有违天性时，天性就会跟我们作对，我们赢不了。就像第二节课我讲到过粉红色小象，我越让自己不想它，它就越跳出来。但当我接受这种天性时，放任它，不强求自己，它就顿时威力大减。

今天我请大家思考的目的就是让大家更加了解自己，接受自己。了解并接受自我是一切改变的开始。我明天会在课程中教给大家有助于自我实现（形成无条件自尊）的方法。我们明天见！

DAY 20
幸福人生的最高境界

这节课我们要继续给大家讲解"自尊"。上一次我们讲到自尊一共有三个层次：依赖性自尊，独立性自尊和无条件自尊。其实这三种自尊相互依存，循序渐进，没有人能一蹴而就，不经历第一层次和第二层次的自尊就无法直接达到无条件自尊。

在这一点上，我早年在澳大利亚留学时，我的住宿家庭的爸爸雷（Ray）给了我很大的帮助。上高中的时候，我的每个假期都会和雷一家度过，并为他待人接物的温暖热情、风趣幽默和正直善良所折服。他是福特工厂的一位普通工人，他的微笑、姿态、说话时的语气……一举一动总让人如沐春风。雷帮助过很多人，我也是其中之一。

在住宿学校读书，假期无法回家又无处可去的我，机缘巧合地来到了雷的家。他像对待自己的孩子一样对待我这个来自异国他乡的客人。雷跟我父亲的年龄相仿，有三个比我年长几岁的儿子，我成为了他们家从未有过的女儿和小妹，我在异国他乡也有了回家的感觉。

雷在过去的二十几年中在很多方面都给予了我很大的帮助，其中最大的帮助就是他让我看到了一个普通人要如何活出自我，我把这样的人视为自我实现的人。雷有很高的无条件自尊，这种自尊并不来自外在的东西，也跟金钱和地位无关，这是一种无条件接纳自我和对他人也能全然接纳的境界。

我观察他，学习他，吸收他给身边的人带来的希望，吸收他给这个世界带来的东西。记得有一次我问他："雷，你是怎么变成现在这样的？"他看着我的眼睛，缓缓地说："我不是一出生就这样的。"他的这一句，就是我需要听到的答案。

他简单的回答里有很多重要的信息，而最重要的两个信息中的第一个是：他是慢慢进步成这样的，这需要时间。没有人可以在20岁或者40岁时，一夜之间就形成第三层自尊，变成一个自我实现的人，这需要时间，需要下功夫，需要一次次跌倒又站起来。我们应该学会失败，然后从失败中学习，需要学习接受自己，需要敞开心扉，接受伤害和犯错。需要做一个彻彻底底的人，因为没有人一出生就是这样的。第二个信息是：他很诚恳，也很真实。

DAY20 幸福人生的最高境界

他并没有说"别夸我了,我也不是很厉害,你过奖了"。他知道自己的价值,他自信,他没有虚伪的谦虚。

当我明白真正的自尊是什么时,我明白有高自尊的人都是谦虚的。他们不需要在人前显摆。我们都知道自大、自恋是自尊的对立面。目中无人、自以为是跟真正意义上的自我感是完全对立的。所以当我明白了这一点以后,我的一个重要目标就是变得谦虚,我越来越觉得有必要让大家都知道我很谦虚。

直到有一次我在雷的家里遇到了一位乞丐,我的想法改变了。雷经常在家里招待朋友,在他的家里遇到陌生人,我已经习以为常,但是那天我去看望他的时候,发现他的家里竟然有一位乞丐。这位老人来的那天可能是因为摔到了泥里,身上特别脏。看到这个人,我下意识地往后退了半步。而雷则请他坐在干净的沙发上,和他聊天。

雷的家庭虽然并不富裕,但是他的家里永远那么整齐干净,他竟然让一位浑身是泥的乞丐坐在了他干净的沙发上。看到我的来访,雷请我加入了他们的谈话,看着雷温和亲切地与这位乞丐交谈,眼里充满了对他的尊重,眼神中没有一丝一毫的看不起,也没有怜悯,那是一种平等交流的眼神,就像在跟一位许久没见面的老朋友叙旧。这种无条件的接纳,这种不偏不倚的无区别对待也许就是对这位乞丐的最大的尊重。

人人平等，并无任何阶级、尊卑和贵贱之分，真正谦虚的人，无论在什么人面前都可以让自己做自己，让他人也做他自己。

雷让我看到了什么是真正的谦虚，也让我重新审视自己的谦虚。英国哲学家弗兰西斯·培根（Francis Bacon）说过，对于一些人，谦虚不过是换了个法子在显摆而已。我意识到这句话用在我身上最合适不过了。我喜欢跟朋友聊我在500强公司的工作经历，虽然我也会说，那都是很久以前的事情了，其实自己也没做出什么成绩。但是每每说到自己曾在9个国家工作时，我总是下意识地搜索别人羡慕的目光。我知道这就是弗兰西斯·培根提到的变相的显摆。我决心向雷学习什么是真正的谦虚。其实很简单，真正的谦虚就是要活出自我，活得真实。

马斯洛（Marslow）说他没有见过45岁以下就自我实现的人。即使是那些已经自我实现的人，他们身上仍然有残留的独立性自尊和依赖性自尊。这两种自尊是不会彻底消失的，但这时它们变弱了，不占主导地位。这时的人不再执着于获得更多赞扬，不再会因为别人喜欢他人多过喜欢自己就捶胸顿足，当自己不是最好、最优秀时就悲痛欲绝。他们学会接受自己。他们会说，赢了固然是好，赢不了也无所谓。然后继续努力，继续前进。他们会问"我怎样才能让世界变得更美好？""我怎样把积极情绪带给别人？"施纳奇（Schnarch）说，人要到五六十岁才能酝酿出一段关系中最高层次的感情。这一切都需要时间。正如雷所说的，我不是一生下来就是这样的。这是一个非常重要的道理。

有独立性自尊的人，通常比较心不那么强烈。他们有自己的原则，自爱自尊，更有爱心。他们的自尊更稳定，不容易被他人的言行所影响。培养独立自我感的人，有强烈自我认同的人，更能认同他人。他们可以时常跳出规则想问题，选择别人没有走过的道路。他们不需要不停地向别人证明我比你强，就会让自己更平静随和。因为总是处于警惕状态是一件很劳心劳力的事。

当我们表达自己而不是想着表现自己的时候，生活会变得更轻松也更幸福。

当一个人有很高的独立性自尊的时候，他们离无条件自尊也就是自我实现就不远了。这样的人，可以简简单单地为了自己存在，感激自己的存在，作为一个整体存在。反之，依赖性自尊的人，他们的自尊更不稳定。他们声称自己想要真相，但其实他们只是想证明自己是正确的。他们更依赖他人的看法，更完美主义，更害怕失败。

在前面的十几节课里，大家学到了很多方法。不管是认知的学习方法，允许自己为人，无条件地接纳自己，还是一些具体的可以马上运用到生活中的方法，例如写日记，做运动，学会感恩，冥想，这些都有助于自我实现，也能加速这个过程的实现，并且意味着我们能越来越多地体验到那种存在感。我们也许不用等到六七十岁，就可以早早地踏上那条健康的自我实现的道路。

该怎么做呢？我们之前反复讲过，改变的黄金法则就是情感、行为和认知的改变。改变的最有效方法是行为先改变，从而带动情感改变。大家回忆一下自我知觉理论，如果你想在某个生活领域得到改善，最好的方法就是让自己的行为变得像改善之后一样。如果我想要高度自尊，我的行为就要像一个有高度自尊的人。为什么呢？因为自尊就是一种态度，是我对自我的态度，是我对自己的评价。要提高这种态度，最行之有效的方法就是表现出一个有高度自尊的人的行为。

这里我还要提到榜样的重要性。我们要向榜样学习，要思考自己到底想拥有榜样的哪些性格特质。比如我想像雷那样热情、谦和、带人宽容、慷慨。我想像玛瓦·柯林斯（Marva Collins）那样，坚强、有激情、总能看到他人的优点。把榜样的所有优点综合起来，这样我们就能有他们那样的行为，并且慢慢地培养我们追求的如榜样一样的生活态度。

还有一些具体的方法可以帮助大家提高自尊，我们来逐一讲一下。行为平静的人的独立性自尊会随着时间增加，这一点我们在与冥想相关的研究中看到过。例如练习正念冥想，当我们越来越多地练习这种方法时，我们独立性自尊就会增加。正念冥想对

DAY20 幸福人生的最高境界

情绪和整体幸福感有许多显著的益处。即使几分钟的正念冥想也能帮助你控制自己不知所措的情绪，并阻挡那些庸人自扰的想法。它的重点是带来平静，让你重新关注自己，活出自己。

又例如运动，它也能带来平静，因为运动时，身体会释放出对心理健康有益的化学物质，能帮我们增强独立性自尊，因为行动让我们体验了平静，这种感知慢慢转变为态度的改变。

还有一个方法就是，假设你中了一个无名咒或者叫透明人咒，也就是说：从现在起在你的余生里，没有人会知道你在做什么；除了你自己，没有人知道你有多好，你有多宽厚，你有多仁慈；除了你自己，没有人知道你有多富有，多强大，多重要；只有你自己知道你的成就，只有你知道你的操守道德和品格有多伟大。在这样的一个世界里，你中了无名咒，你会怎么做？

这并不意味着我们在一个匿名的世界里怎么生活，在现实世界里就应该怎么生活。这个方法的意义是，在这样一个世界里，或者说做这样的练习，能磨炼我们，在抛开赞扬和声望，不被看见，不被比较的世界里，思考我们怎样活可以活出自己。你热爱什么？你真正想过的是怎样的人生？你希望10年后、20年后你会变成什么样？在一个没有人知道你在做什么的世界里，你会做什么？在一个没有别人的认同、赞扬和欢呼、反对与批评的世界里，你也会做的是什么？这是一个很重要的问题。

我们可以用"三问法"来问自己，来帮助自己回答这个很重要的问题。第一个问题是"做什么事情对我有意义？"第二个问题是"做什么让我快乐？"第三个问题是"我擅长什么？"然后退后一步，慢慢思考。

只有当我们做自己喜欢做，又擅长做，同时又对我们有意义的事情的时候，我们才能找到真正的自我，我们才能找到适合我们的道路。这个方法对我非常有帮助，也可以说它改变了我的生命，重新定义了我的生活。也是通过这个方法，帮助我确定我要做我现在做的事情，我喜欢、擅长，并对我、对他人都有着重要意义的事情是：把泰勒·本－沙哈尔博士的"哈佛幸福课"的精髓和我自己在实践中提炼出来的感悟写下来，并分享给大家。

想象一下，你也可以过这样的生活，当你不再不停地表达或表现自己，你会感到多么自由！你能够被了解，能够活出自我，这样多轻松，多有力量！你可以活得多么真实、多么快乐！这样的你肯定是幸福的。我们每个人体内都有一种潜力，就是我们真正的自我，隐藏在焦虑之下。当你找到它时，它会发出万丈光芒。如果我们助长它、培养它，它就会壮大，壮大到超越自己，这时候，我们也会变成像雷这样的人，像曼德拉这样的人，像特雷莎修女这样的人。他们的存在能为别人散发出光芒。

今天的作业是：思考一下，如果真的有无名咒，你中了无名咒，你会怎么做？你会如何计划自己接下来的 1 年、10 年或 20 年的人生？

DAY 21
全人幸福模型

非常高兴，在本书的最后，在我们21节课的幸福之旅即将结束之时，可以请我的良师益友，"哈佛幸福课"导师、幸福学之父泰勒·本－沙哈尔教授为大家介绍他最新研发的"全人幸福模型"。

泰勒教授详细解析的幸福的五个要素，会帮助大家对获得幸福的最前沿、最权威的方法有一个高屋建瓴的认识，讲稿全文如下：

多年来，基于积极心理学领域不断增加的研究，基于我对其他学科的探索——从哲学到人类学，从神学到神经科学——我对幸福的认知已经超越了将幸福简单地理解为意义和快乐的结合。

今天，作为一名深谙幸福之道的学生和老师，我发现最有用的定义来自海伦·凯勒（Helen Keller）的话，她在一个多世纪前写道："对我来说，幸福唯一令人满意的定义是身心灵的完满状态。"

借用凯勒的话，我将幸福定义为"全人、全身心灵存在的体验"。为了进一步简化定义，将"全人"和"幸福"这两个复合词融合在一起，人们可以说幸福是一种"全人幸福的体验"。

在过去的几十年里，心理学家进行的大量研究清楚地表明了培养幸福感的价值。这种价值超越了幸福体验中固有而明显的好处，那就是"感觉良好的感觉太好了"这一事实。

这里仅举几个例子：

1. 增加幸福感可以改善人际交往及职场中的人际关系；

2. 幸福与更强的免疫系统有关，幸福的人更长寿；

3. 幸福和善良是紧密相连的，因为幸福使人们表现得更加善良和慷慨，反过来，慷慨和善良又促进了幸福；

4. 在工作场所，更多的幸福感会提高员工的留职率和参与度，鼓励创新，减少倦怠，并提高员工的生产力和组织绩效。

考虑到幸福的这些有形和可衡量的好处，我们需要而且应该重视幸福，这似乎是很自然的。

另一方面（这也是事情变得复杂和令人困惑的地方）也有研究表明，过分强调幸福可能会弄巧成拙。

例如，丹佛大学的一个团队在2011年进行的一项研究发现，高度重视幸福的人更容易感到孤独——这一特征与不幸福甚至抑郁密切相关。

该研究的首席研究员艾里斯·莫斯的理论是，对获得幸福的高度关注可能会导致人们忽视生活中的某些部分——与他人或与自己的关系，例如自爱。

那么，重视幸福是一件坏事吗？如果我们不应该重视它，为什么还要追求它呢？

我们告诉自己，即使我们花了很多时间去追求幸福，其实幸福对我们来说并不重要。这种自欺欺人的方法有效吗？

留给我们的是一个莎士比亚式的悖论：重视幸福还是不重视幸福，这是一个问题。

矛盾的解决在于需要重视（和追求）那些间接导致幸福的因素。

19世纪英国哲学家约翰·斯图尔特·穆勒（John Stuart Mill）认为，只有那些专注于自己幸福以外的目标的人才是幸福的。以此为目标，他们顺便找到了幸福。

那么"幸福以外的目标"会是什么呢？这就是"全人、全身心灵存在的体验"这一概念发挥作用的地方，将我们的注意力从直接追求幸福转移到追求那些间接导致幸福的因素，从而解决了这个悖论。

具体来说，整体的每一个要素——组成整体的每一个部分——都构成了通往幸福乐土的间接路径。这些要素，这些部分，这些间接路径是什么？

为了与幸福研究的跨学科性质保持一致——连接东西方，借鉴哲学家、经济学家、心理学家和生物学家的著作——我将整体视为一个多维度、多方面的变量，包括以下五个要素，它们的首字母共同构成了缩略词"SPIRE"。

精神福祉（Spiritual wellbeing）

大多数人将灵性与宗教联系在一起，特别是与对上帝的信仰联系在一起。虽然灵性当然可以在宗教中找到，但也有可能走上一条独立于宗教的精神之路。

精神福祉指的是找到生活的目标和意义的重要性，以及通过"正念""活在当下"将平凡的经历提升为非凡的经历。

身体福祉（Physical wellbeing）

对心灵和身体相互联系的理解——这一理解挑战了受二元论困扰的西方方法论。这一点对身体健康至关重要。心灵和身体不是两个分离和独立的实体，而是相互联系和相互依存的。为了充分发挥我们的潜能，我们需要满足我们对体育锻炼、营养、睡眠和触摸的需求。

心智福祉（Intellectual wellbeing）

虽然我们有多聪明和我们的幸福之间的联系是模棱两可的，但我们如何使用我们的智力和我们的幸福之间有着强烈而明确的联系。

与众多善意的教育工作者和家长的建议相反，出色的平均绩点和进入顶尖大学并不能为幸福铺平道路。

相反，好奇心和开放性，以及对学习的深度参与，是心智福祉的基石，也是整体健康的延伸。

关系福祉（Relational wellbeing）

幸福的头号预测指标不是金钱或声望，不是成功或荣誉，而是我们与我们关心的人和关心我们的人相处的时间的数量和质量。

健康的人际关系是充实生活的核心。但重要的不仅仅是我们与朋友、家人或同事的关系，我们与自己的关系也极为重要。

情感（情绪）福祉（Emotional wellbeing）

情绪在我们对幸福的整体体验中起着重要作用。它影响着我们的思想和行为——它是我们思想和行为的结果。

我们的情感福祉取决于我们以健康的方式培养愉悦情绪（如喜悦和感激），以及处理痛苦情绪（如嫉妒和悲伤）的能力。

通过关注 SPIRE 五要素，每一个都可以间接使我们过上更幸福的生活，我们绕过了幸福悖论的陷阱。

虽然高度重视和直接追求幸福可能会适得其反，我们可以通过从事对个人有意义的工作（精神福祉），通过定期锻炼和健康饮食（身体福祉），持续学习（心智福祉），与亲爱的朋友或家人共度时光（关系福祉），写下我们的感受或参与有趣的活动（情感福祉）来享受更高层次的全人、全身心灵存在的体验。

我所创立的幸福研究学院的"幸福导师认证课程"，将用一年的时间带你深入探讨 SPIRE 五要素中的每一个。

我会通过陪伴的方式，带领大家走入我精心设计的跨学科知识矩阵。把 SPIRE 五要素融入医学、心理学、哲学、生物学、经济学、历史、文学、艺术等学科，层层展开，并把行之有效的实践方法一点一点教给大家。

让大家可以收获摸得着、看得见的幸福。期待你加入我们，让我们陪伴你，走向属于你的幸福人生！

——泰勒·本－沙哈尔

感谢你与我一起走过这 21 天的幸福之旅。希望它可以成为你追求幸福道路上的一盏明灯。希望本书连同书中为你揭晓的幸福真相、为你解析的幸福理论，可以帮助你突破自我，也突破生活中必然要经历的重重困难，就像它们曾经帮助过我，在我人生最黑暗的时刻带给我力量，让我重拾对生活的希望与热情，并拥有了幸福地面对人生的能力一样。

如果你认真地按照书中的建议，每天深入思考和践行这一个一个可以帮助你获得幸福的方法，那么我相信你已经经历了21天改变生命的奇迹。但这只是奇迹的开始，相信你在接下来的人生中，会不断地经历蜕变与奇迹！

为了庆祝你又一次成功地读完一本书，并奖励这个更加坚强、更加睿智、更加坦然的你，我们今天没有课后作业。但我想送给你一句话，是我当下最想对你说的，也是我反反复复告诉自己的一句话：

人生无常，与其在焦虑中消磨时光，不如珍惜眼前人，做好手中事，因为你永远不知道面前的困境什么时候会过去，甚至不知道明天会不会如约而至。

一袭春风，一抹微笑，一壶清茶，一缕朝阳，也许就是活在当下、感恩当下、幸福当下最好的写照。

如果这也是你心之所向，那么请按照本书中传递的方法行动起来，不要再辜负每一个可以让自己幸福的朗朗今朝！

晓熙

2023 年 8 月于墨尔本

图书在版编目（CIP）数据

21 天幸福课 / 晓熙著 .— 北京：东方出版社，2023.8
ISBN 978－7－5207－3120－1

I.①2⋯　II.①晓⋯　III.①幸福—通俗读物　IV.① B82－49

中国国家版本馆 CIP 数据核字（2023）第 053733 号

21 天幸福课
（21 TIAN XINGFU KE）

作　　　者：	晓　熙
责任编辑：	龚　勋
责任校对：	曲　静
出　　　版：	东方出版社
发　　　行：	人民东方出版传媒有限公司
地　　　址：	北京市东城区朝阳门内大街 166 号
邮　　　编：	100010
印　　　刷：	北京盛通印刷股份有限公司
版　　　次：	2023 年 8 月第 1 版
印　　　次：	2023 年 8 月第 1 次印刷
开　　　本：	710 毫米 ×1000 毫米　1/16
印　　　张：	12
字　　　数：	80 千字
书　　　号：	ISBN 978－7－5207－3120－1
定　　　价：	49.00 元

发行电话：(010) 85924663　85924644　85924641

版权所有，侵权必究

如有印装质量问题，我社负责调换，请拨打电话：(010) 85924602　85924603